Sahar N. Abdullah
Nagam M. Abod
Mustafa A. Abdulkareem

Argilas Attapulgite: Um Guia Completo para a Remediação Ambiental

Sahar N. Abdullah
Nagam M. Abod
Mustafa A. Abdulkareem

Argilas Attapulgite: Um Guia Completo para a Remediação Ambiental

Aplicação real na remoção de fosfatos de águas industriais

ScienciaScripts

Imprint

Cover image: www.ingimage.com

This book is a translation from the original published under ISBN 978-620-7-80940-0.

Publisher:
Sciencia Scripts
is a trademark of
Dodo Books Indian Ocean Ltd. and OmniScriptum S.R.L publishing group

120 High Road, East Finchley, London, N2 9ED, United Kingdom
Str. Armeneasca 28/1, office 1, Chisinau MD-2012, Republic of Moldova, Europe
Printed at: see last page
ISBN: 978-620-7-89017-0

Índice

Capítulo 1: Introdução

1.1. Definição e visão geral das argilas de atapulgite

As argilas de attapulgite, uma classe única de minerais naturais, ganharam uma atenção significativa pelas suas diversas aplicações, particularmente na remediação ambiental. Este capítulo analisa a definição, a origem e as propriedades fundamentais das argilas de attapulgite, lançando as bases para uma compreensão abrangente do seu papel na mitigação da poluição.

As argilas de attapulgite, também conhecidas como palygorskite, são minerais de silicato de alumínio e magnésio hidratados com uma estrutura cristalina fibrosa. Com o nome da cidade de Attapulgus, na Geórgia, EUA, onde a argila foi descoberta pela primeira vez, a attapulgite foi desde então identificada em vários locais do mundo. O termo "attapulgite" é muitas vezes utilizado indistintamente com "palygorskite", enfatizando a sua composição mineralógica primária.

As argilas de atapulgite são minerais sedimentares formados ao longo de milhões de anos através da meteorização de cinzas vulcânicas e outros minerais. Encontram-se normalmente em associação com minerais ricos em magnésio em depósitos que foram submetidos a condições geológicas específicas conducentes à sua formação. As principais fontes incluem o sudeste dos Estados Unidos, Espanha, China e África do Sul, entre outros.

As argilas de atapulgite apresentam características físicas distintas que contribuem para as suas propriedades únicas. A argila tem uma morfologia semelhante a uma agulha, com cristais finos e alongados que formam agregados que se assemelham a feixes de agulhas.

Esta estrutura fibrosa confere à attapulgite as suas excepcionais propriedades absorventes e adsorventes. A área de superfície específica da attapulgite é relativamente elevada, o que aumenta a sua capacidade de interação com várias substâncias.

A composição química da attapulgite inclui magnésio, alumínio, silício, oxigénio e água. A relação magnésio-alumínio na attapulgite é um determinante crucial das suas propriedades, influenciando aspectos como a capacidade de adsorção e o comportamento reológico. A presença de grupos hidroxilo na superfície da attapulgite contribui para a sua natureza hidrofílica, permitindo uma interação eficaz com substâncias à base de água.

As argilas de atapulgite possuem várias características únicas que as tornam particularmente adequadas para a remediação ambiental. Uma caraterística que se destaca é a sua excecional capacidade de adsorção, permitindo a remoção de uma vasta gama de poluentes de soluções aquosas. A estrutura fibrosa não só aumenta a área de superfície como também facilita a formação de géis estáveis, tornando a attapulgite uma excelente candidata para várias aplicações.

Embora este livro se centre principalmente nas aplicações ambientais das argilas de attapulgite, é essencial reconhecer a sua versatilidade noutras indústrias. A attapulgite é amplamente utilizada na produção de fluidos de perfuração, moldes de fundição e como aditivo reológico em tintas e revestimentos. A combinação das suas propriedades únicas faz da attapulgite um material valioso em diversos sectores industriais.

1.2. Contexto Histórico das Argilas Attapulgite

O contexto histórico das argilas de attapulgite é uma viagem cativante que entrelaça descobertas geológicas, civilizações antigas e a evolução das aplicações industriais. Este capítulo analisa a cronologia do reconhecimento, extração e utilização da attapulgite, destacando os principais marcos que moldaram o seu significado histórico.

A história da attapulgite remonta a civilizações antigas, onde as suas propriedades únicas foram provavelmente observadas intuitivamente. As provas arqueológicas sugerem que as argilas de attapulgite foram utilizadas por várias culturas para fins medicinais e cosméticos. Acredita-se que os antigos egípcios, por exemplo, utilizavam a attapulgite no processo de embalsamamento devido à sua natureza absorvente.

A descoberta formal da attapulgite remonta à cidade de Attapulgus, no sudoeste da Geórgia, EUA, no início do século XX. Em 1891, o Dr. Charles H. Herty, um químico americano de renome, identificou a presença de uma argila excecional enquanto explorava os recursos minerais da região. Investigações posteriores revelaram as propriedades únicas desta argila, levando ao seu reconhecimento formal e à designação do mineral "attapulgite".

A importância histórica da attapulgite aumentou durante a Segunda Guerra Mundial, uma vez que as suas excepcionais propriedades de adsorção e reológicas encontraram aplicação em várias indústrias relacionadas com a guerra. Os produtos à base de attapulgite, como os agentes tixotrópicos para óleos e massas lubrificantes, desempenharam um papel crucial no esforço de guerra. Esta procura em tempo de guerra acelerou a importância industrial da attapulgite e estimulou mais investigação sobre as suas diversas aplicações.

Após a Segunda Guerra Mundial, a attapulgite registou um aumento da exploração comercial. O desenvolvimento de novas técnicas de processamento e o estabelecimento de operações mineiras facilitaram a produção em massa de produtos à base de attapulgite. As aplicações versáteis da argila expandiram-se para sectores como os fluidos de perfuração, suportes de catalisadores e absorventes para diversas indústrias.

Na segunda metade do século XX, registaram-se avanços significativos nas tecnologias de transformação da attapulgite. As inovações nas técnicas de beneficiação e purificação melhoraram a qualidade e a consistência dos produtos de attapulgite. Estes avanços melhoraram o desempenho da argila em várias aplicações, reforçando a sua posição como um material industrial valioso.

Como a procura de attapulgite continuou a crescer, as operações mineiras expandiram-se globalmente. Para além da fonte original na Geórgia, foram descobertos depósitos significativos de attapulgite em Espanha, China, África do Sul e outras regiões. Esta expansão global assegurou um fornecimento estável de attapulgite às indústrias de todo o mundo e diversificou as fontes deste valioso mineral.

1.3. Importância do controlo da poluição ambiental

A poluição ambiental representa uma ameaça significativa para os ecossistemas, a saúde humana e o bem-estar geral do planeta. À medida que a comunidade global se debate com os desafios crescentes dos poluentes no ar, na água e no solo, a importância de estratégias inovadoras e eficazes de controlo da poluição não pode ser exagerada. A atapulgite, com as suas propriedades únicas, surgiu como um aliado promissor no esforço para mitigar os impactos adversos dos poluentes no ambiente.

As argilas de attapulgite apresentam uma capacidade de adsorção excecional, o que as torna altamente eficazes na captura e remoção de vários poluentes de diferentes matrizes ambientais. A estrutura fibrosa e a elevada área de superfície específica da attapulgite proporcionam uma plataforma ideal para a adsorção de contaminantes, tais como metais pesados, poluentes orgânicos e outras substâncias nocivas presentes no ar e na água.

Uma das características notáveis da attapulgite é a sua capacidade de adsorver seletivamente poluentes específicos. A química da superfície da attapulgite pode ser modificada para atingir contaminantes específicos, permitindo soluções de controlo da poluição à medida. Esta seletividade aumenta a eficiência dos processos de remediação baseados na attapulgite, minimizando o impacto em elementos não visados no ambiente.

A abundância da attapulgite na natureza e os custos relativamente baixos de extração e processamento contribuem para a sua rentabilidade em aplicações de controlo da poluição. A viabilidade económica da attapulgite torna-a uma opção atractiva para o desenvolvimento de soluções sustentáveis e acessíveis para enfrentar os desafios relacionados com a poluição, especialmente em regiões onde as restrições financeiras podem limitar a implementação de métodos de remediação mais dispendiosos.

A versatilidade da atapulgite vai para além do seu papel na adsorção. Pode ser empregue em várias formas, como argila em pó, materiais compósitos ou como componente em técnicas de imobilização in-situ. Esta adaptabilidade permite uma gama de aplicações em diversos contextos ambientais, fornecendo soluções personalizadas com base nas características específicas dos poluentes e na natureza dos meios contaminados.

Em comparação com alguns métodos convencionais de controlo da poluição, as estratégias de remediação baseadas na attapulgite implicam frequentemente um menor impacto ambiental. A origem natural da attapulgite minimiza as preocupações relacionadas com a introdução de materiais sintéticos nos ecossistemas. Além disso, a utilização de attapulgite pode contribuir para a redução da poluição secundária que pode resultar da aplicação de determinados agentes de remediação.

A utilização da attapulgite no controlo da poluição ambiental está em conformidade com os princípios do desenvolvimento sustentável. Ao aproveitar um recurso natural com uma pegada ambiental mínima, a attapulgite promove a integração de considerações ambientais, sociais e económicas. Esta abordagem holística apoia o bem-estar a longo prazo dos ecossistemas e das comunidades afectadas pela poluição.

Capítulo 2: Argila Attapulgite: Composição e propriedades

2.1. Origem Geológica e Ocorrência

Compreender a origem geológica e a ocorrência da attapulgite é crucial para desvendar as características únicas que fazem deste mineral argiloso um recurso valioso. Esta secção explora os processos geológicos que dão origem aos depósitos de attapulgite e examina a distribuição global destas ocorrências.

A attapulgite, também conhecida como palygorskite, deve a sua existência a condições geológicas específicas que facilitam a sua formação durante períodos prolongados. A principal fonte de attapulgite reside na alteração de cinzas vulcânicas e de outros minerais, nomeadamente de substâncias ricas em magnésio. A meteorização destes materiais em condições ambientais específicas resulta no desenvolvimento de depósitos de attapulgite.

As cinzas vulcânicas, ricas em magnésio e alumínio, desempenham um papel central na génese da attapulgite. Ao longo do tempo, a interação das cinzas vulcânicas com a água, as condições climáticas e vários factores geológicos leva à formação de argilas de attapulgite. Este intrincado processo envolve a lixiviação, dissolução e precipitação de minerais, acabando por dar origem à estrutura fibrosa única caraterística da attapulgite.

Os depósitos de atapulgite encontram-se em várias partes do mundo, com ambientes geológicos distintos que influenciam a sua formação. Embora a descoberta original tenha ocorrido em Attapulgus, Geórgia,

EUA, as explorações subsequentes identificaram depósitos significativos em diversas regiões. A distribuição global da attapulgite inclui:

O sudeste dos Estados Unidos, particularmente a Geórgia e a Flórida, abriga depósitos substanciais de attapulgita. Estes depósitos têm desempenhado um papel fundamental na comercialização e nas aplicações industriais da attapulgite.

A Espanha é outro contribuinte proeminente para a produção global de attapulgite. Depósitos em regiões como Múrcia e Toledo têm sido ativamente explorados, servindo tanto o mercado nacional como o internacional.

A China possui extensos depósitos de attapulgite, com ocorrências notáveis em áreas como as províncias de Jiangsu, Zhejiang e Shandong. O papel significativo do país na produção de attapulgite reflecte a sua importância crescente em várias indústrias.

Os depósitos de attapulgite na África do Sul, particularmente na província do Cabo Setentrional, contribuem para a cadeia de abastecimento global. Estes depósitos ganharam atenção pela sua qualidade e abundância.

Foram identificados depósitos de attapulgite em outros locais, incluindo o Iraque, o México, a Rússia, o Irão e o Egipto, entre outros. As características geológicas de cada região contribuem para as propriedades únicas da attapulgite aí encontrada.

A extração de attapulgite envolve operações mineiras que visam os depósitos identificados. Uma vez extraída, a attapulgite bruta é submetida a processos de beneficiação para remover impurezas e aumentar a sua pureza. As técnicas de extração variam em função das características geológicas do depósito, tendo em conta a sustentabilidade ambiental e a conservação dos recursos.

2.2. Propriedades físicas e químicas

Uma compreensão abrangente das propriedades físicas e químicas da attapulgite é essencial para desvendar as suas potenciais aplicações, particularmente no controlo da poluição ambiental. Este capítulo analisa as principais características que definem a attapulgite e a tornam num material versátil e eficaz.

2.2.1. Propriedades físicas:

Estrutura cristalina:

A atapulgite, pertencente à família da palygorskite, apresenta uma estrutura cristalina fibrosa. Estes cristais semelhantes a agulhas entrelaçam-se, formando agregados que se assemelham a feixes de agulhas. A morfologia única contribui para a elevada área de superfície e porosidade da attapulgite, crucial para as suas capacidades de adsorção.

Cor e textura:

A cor da attapulgite pode variar, desde o branco e o cinzento claro até aos tons de verde e azul. A sua textura é tipicamente fina e sedosa, dando-lhe uma sensação suave e coesa. As partículas finas contribuem para a natureza absorvente da argila.

Área de superfície específica:

A attapulgite possui uma área de superfície específica relativamente elevada, aumentando a sua capacidade de adsorção. Esta caraterística permite que a attapulgite interaja com poluentes e contaminantes de forma eficiente, tornando-a uma candidata ideal para várias aplicações de remediação.

Porosidade:

A estrutura fibrosa da attapulgite conduz a uma porosidade inerente, facilitando a absorção e retenção de líquidos. Esta porosidade é um fator chave na sua capacidade de reter e imobilizar poluentes de soluções aquosas.

2.2.2. Propriedades químicas:

Composição:

A atapulgita é um mineral de silicato de alumínio e magnésio hidratado. A sua composição química inclui elementos como o magnésio (Mg), o alumínio (Al), o silício (Si), o oxigénio (O) e a água (H2O). A proporção de magnésio e alumínio na attapulgita influencia suas propriedades, incluindo a capacidade de adsorção e o comportamento reológico.

Natureza hidrofílica:

A atapulgita é inerentemente hidrofílica, o que significa que tem uma forte afinidade com a água. Esta caraterística é vantajosa em aplicações ambientais, especialmente na remediação de poluentes transportados pela água. A natureza hidrofílica permite que a attapulgite interaja eficazmente com soluções aquosas.

Química de Superfícies:
A superfície da attapulgite é rica em grupos hidroxilo (-OH), o que contribui para a sua reatividade e capacidade de adsorção. A modificação da química da superfície pode ser utilizada para adaptar a attapulgite a poluentes específicos, aumentando a sua seletividade em aplicações de controlo da poluição.

Capacidade de troca catiónica:

A atapulgite apresenta uma notável capacidade de troca catiónica (CEC), o que lhe permite trocar iões com o ambiente circundante. Esta propriedade é relevante em aplicações onde se pretende a remoção de certos iões ou a introdução de iões benéficos.

Estabilidade térmica:

A atapulgite é termicamente estável, suportando temperaturas elevadas sem alterações estruturais significativas. Esta estabilidade térmica expande a sua gama de aplicações, incluindo cenários em que são encontradas temperaturas elevadas, como na catálise e nos processos industriais.

2.3. Características únicas para a despoluição

As características excepcionais da attapulgite fazem dela um material de destaque para a remediação da poluição. Neste capítulo, exploramos as propriedades únicas que distinguem a attapulgite e permitem a sua aplicação efectiva na mitigação de poluentes ambientais.

Capacidade de adsorção:

Uma das características que definem a attapulgite na remediação da poluição é a sua extraordinária capacidade de adsorção. A estrutura fibrosa e a elevada área de superfície específica da attapulgite proporcionam uma extensa superfície de contacto para os poluentes, facilitando a sua adsorção na superfície da argila. Esta propriedade permite que a attapulgite retenha uma gama diversificada de contaminantes, incluindo metais pesados, poluentes orgânicos e várias outras substâncias presentes no ar, na água e no solo.

Adsorção selectiva:

A attapulgite apresenta uma capacidade notável de adsorção selectiva, o que a torna particularmente adequada para a remediação de poluição específica. A química da superfície da attapulgite pode ser modificada para aumentar a sua afinidade com poluentes específicos. Esta seletividade permite a conceção de soluções de remediação personalizadas, assegurando a remoção eficaz dos contaminantes visados e minimizando o impacto sobre os elementos não visados no ambiente.

Comportamento reológico:

O comportamento reológico da attapulgite, influenciado pela sua estrutura cristalina fibrosa, contribui para a sua eficácia em aplicações de controlo da poluição. A attapulgita pode formar géis e suspensões estáveis, o que a torna adequada para aplicações que exigem viscosidade controlada. Esta propriedade é vantajosa em cenários como a imobilização in-situ, em que a attapulgite pode ser aplicada sob a forma de gel para encapsular e imobilizar poluentes de forma eficaz.

Alta estabilidade em ambientes aquosos:

A atapulgite apresenta uma elevada estabilidade em ambientes aquosos, uma caraterística crucial para a remediação da poluição na água. A natureza hidrofílica da argila assegura a sua dispersão e interação eficaz com poluentes de origem aquosa. Além disso, a attapulgite mantém a sua integridade estrutural na presença de água, permitindo uma adsorção sustentada e actividades de remediação.

Baixo impacto ambiental:

Em comparação com alguns métodos alternativos de controlo da poluição, as estratégias de remediação baseadas na attapulgite têm frequentemente um menor impacto ambiental. A attapulgite é um mineral que ocorre naturalmente, minimizando as preocupações relacionadas com a introdução de materiais sintéticos nos ecossistemas. A utilização de attapulgite pode contribuir para a redução da poluição secundária que pode resultar da aplicação de certos agentes de remediação.

Facilidade de aplicação:

As formas versáteis da attapulgite, incluindo argila em pó, materiais compostos e formulações em gel, facilitam a sua aplicação em vários cenários de remediação da poluição. Esta adaptabilidade permite o desenvolvimento de estratégias específicas de aplicação, assegurando que a attapulgite pode ser efetivamente utilizada em diferentes cenários ambientais.

Compatibilidade com práticas sustentáveis:

As características únicas da attapulgite estão alinhadas com os princípios da remediação sustentável. A origem natural, o baixo impacto ambiental e a adaptabilidade da attapulgite contribuem para a integração de considerações ambientais, sociais e económicas nas estratégias de controlo da poluição, promovendo a sustentabilidade a longo prazo.

Capítulo 3: Poluentes ambientais e seu impacto

3.1. Introdução a vários poluentes

Os poluentes ambientais representam uma ameaça significativa para os ecossistemas, a saúde humana e o equilíbrio global do planeta. À medida que as actividades humanas se intensificaram, a libertação de poluentes para o ar, a água e o solo aumentou, resultando numa degradação ambiental generalizada. Este capítulo fornece uma exploração abrangente de vários poluentes, categorizando-os com base na sua natureza e impacto no ambiente.

3.1.1. Poluentes atmosféricos:

Partículas em suspensão (PM):

As partículas consistem em pequenas partículas suspensas no ar, provenientes de várias fontes, como processos industriais, emissões de veículos e actividades naturais como os incêndios florestais. As PM podem ter efeitos prejudiciais para a saúde respiratória e contribuir para a redução da visibilidade.

Óxidos de azoto (NO_x):

Os óxidos de azoto, principalmente o dióxido de azoto (NO_2) e o óxido nítrico (NO), resultam de processos de combustão, particularmente em veículos e instalações industriais. O NOx é um precursor do ozono troposférico e pode causar problemas respiratórios e contribuir para a formação de smog.

Dióxido de enxofre (SO_2):

O dióxido de enxofre é produzido pela queima de combustíveis fósseis que contêm enxofre, como o carvão e o petróleo. Contribui para a chuva ácida, problemas respiratórios e pode prejudicar os ecossistemas aquáticos. As emissões de SO2 provêm frequentemente de centrais eléctricas e instalações industriais.

Monóxido de carbono (CO):

O monóxido de carbono é um gás incolor e inodoro produzido durante a combustão incompleta de combustíveis que contêm carbono. Interfere com a capacidade do organismo de transportar oxigénio, apresentando riscos significativos para a saúde. Os veículos a motor são a principal fonte de emissões de CO.

Ozono ao nível do solo (o3):

O ozono troposférico forma-se quando os poluentes emitidos por veículos, centrais eléctricas e actividades industriais reagem na presença da luz solar. Níveis elevados de ozono troposférico podem causar problemas respiratórios, especialmente em populações vulneráveis.

3.1.2. Poluentes da água:

Nutrientes:

O excesso de nutrientes, principalmente azoto e fósforo, pode levar à poluição das massas de água por nutrientes. O escoamento agrícola e as descargas de águas residuais contribuem para o enriquecimento em nutrientes, resultando na proliferação de algas, no esgotamento do oxigénio e em impactos negativos nos ecossistemas aquáticos.

Metais pesados:

Os metais pesados como o chumbo, o mercúrio, o cádmio e o arsénio podem contaminar as fontes de água através de descargas industriais e de processos naturais. Estes metais acumulam-se nos organismos aquáticos, apresentando riscos para a saúde tanto da vida aquática como dos seres humanos através da cadeia alimentar.

Agentes patogénicos:

Os agentes patogénicos, incluindo bactérias, vírus e parasitas, podem contaminar o abastecimento de água e causar doenças transmitidas pela água. O saneamento impróprio e o tratamento inadequado das águas residuais contribuem para a propagação de agentes patogénicos transmitidos pela água.

Poluentes Orgânicos Persistentes (POPs):

Os POP são substâncias químicas sintéticas que resistem à degradação ambiental. Os exemplos incluem os bifenilos policlorados (PCB), as dioxinas e certos pesticidas. Estes poluentes podem acumular-se na cadeia alimentar e ter impactos duradouros nos ecossistemas e na saúde humana.

Poluentes do solo e da terra:

Pesticidas e herbicidas:

As práticas agrícolas envolvem a utilização de pesticidas e herbicidas para proteger as culturas, mas o seu escoamento pode contaminar o solo e a água. Os resíduos persistentes de pesticidas podem ter efeitos adversos na fertilidade do solo e nos ecossistemas.

Produtos químicos industriais:

A libertação de produtos químicos industriais, tais como solventes, metais pesados e resíduos perigosos, pode contaminar o solo e as águas subterrâneas. Práticas incorrectas de eliminação e acidentes industriais contribuem para a poluição do solo.

Contaminantes radioactivos:

As substâncias radioactivas, provenientes de centrais nucleares, instalações médicas e acidentes nucleares, podem contaminar o solo e representar riscos a longo prazo para a saúde humana e o ambiente.

Poluição sonora:

A poluição sonora resulta de níveis de ruído excessivos e perturbadores no ambiente, frequentemente devido a actividades industriais, tráfego e urbanização. A exposição prolongada a níveis de ruído elevados pode ter efeitos adversos na saúde humana, incluindo stress, perda de audição e perturbações do sono.

3.2. Consequências para a saúde e o ambiente

A libertação de poluentes no ambiente tem consequências de grande alcance, afectando tanto a saúde humana como o delicado equilíbrio dos ecossistemas. Compreender as repercussões dos vários poluentes na saúde e no ambiente é essencial para desenvolver estratégias eficazes para atenuar os seus efeitos adversos. Este capítulo explora as consequências da poluição para a saúde humana e o ambiente, categorizando esses impactos com base em diferentes tipos de poluentes.

3.2.1. Poluentes atmosféricos e impactos na saúde:

Material particulado (PM) e problemas respiratórios:

A inalação de partículas finas, PM2,5 e PM10, está associada a problemas respiratórios como asma, bronquite e agravamento de doenças pré-existentes. A exposição a longo prazo pode levar a uma redução da função pulmonar e a uma maior suscetibilidade a infecções respiratórias.

Óxidos de azoto (NOx) e efeitos cardiovasculares:

Os óxidos de azoto, principalmente o dióxido de azoto (NO2), podem agravar os problemas cardiovasculares, incluindo ataques cardíacos e acidentes vasculares cerebrais. A exposição ao NOx está associada a um aumento da inflamação, do stress oxidativo e da disfunção vascular.

Dióxido de enxofre (SO2) e doenças respiratórias:

A exposição ao SO2 pode causar dificuldades respiratórias, agravar a asma e contribuir para doenças respiratórias crónicas. A exposição prolongada a níveis elevados de SO2 pode provocar danos irreversíveis no sistema respiratório.

Monóxido de carbono (CO) e transporte de oxigénio:

O CO interfere com a capacidade do organismo para transportar oxigénio, provocando hipoxia e consequências potencialmente fatais. Os sintomas de envenenamento por CO incluem dores de cabeça, tonturas, náuseas e confusão.

Ozono ao nível do solo (O_3) e efeitos respiratórios:

Os níveis elevados de ozono troposférico podem causar problemas respiratórios, especialmente nas populações vulneráveis. A exposição ao ozono está associada à exacerbação da asma, à redução da função pulmonar e ao aumento dos sintomas respiratórios.
Poluentes da água e impactos na saúde:

3.2.2. Poluição por nutrientes e proliferação de algas nocivas:

O excesso de nutrientes nas massas de água contribui para a proliferação de algas nocivas. Algumas algas produzem toxinas prejudiciais à saúde humana, causando doenças como problemas gastrointestinais, distúrbios neurológicos e irritação da pele.

Metais pesados e toxicidade humana:

Os metais pesados, como o chumbo, o mercúrio e o cádmio, podem contaminar as reservas de água, conduzindo à toxicidade humana. A exposição crónica a estes metais está associada a problemas neurológicos, de desenvolvimento e cardiovasculares.

Agentes patogénicos e doenças transmitidas pela água:

Os agentes patogénicos presentes na água, incluindo bactérias, vírus e parasitas, podem causar doenças transmitidas pela água, como a cólera, a febre tifoide e a gastroenterite. As fontes de água contaminada contribuem para a propagação destas doenças.

3.3. Poluentes orgânicos persistentes (POP) e bioacumulação:

Os POP, como os PCB e as dioxinas, podem acumular-se na cadeia alimentar, conduzindo à bioacumulação nos seres humanos. A exposição a longo prazo aos POP está associada a efeitos adversos na saúde reprodutiva, na função imunitária e na carcinogenicidade.

Poluentes do solo e da terra e impactos na saúde:

Pesticidas e herbicidas:

Os resíduos de pesticidas e herbicidas no solo podem contaminar as culturas e entrar na cadeia alimentar. A exposição prolongada a estes produtos químicos está associada a vários problemas de saúde, incluindo perturbações neurológicas, cancro e problemas reprodutivos.

Produtos químicos industriais e contaminação do solo:

Os produtos químicos industriais presentes no solo, como os solventes e os metais pesados, podem levar à contaminação do solo. A ingestão ou absorção de solo contaminado pode resultar em efeitos adversos para a saúde, incluindo problemas gastrointestinais e lesões orgânicas.

Contaminantes radioactivos e riscos para a saúde:

As substâncias radioactivas no solo representam riscos significativos para a saúde, incluindo um risco acrescido de cancro, mutações genéticas e anomalias do desenvolvimento. A exposição a longo prazo a solos contaminados com materiais radioactivos tem profundas implicações para a saúde.

Poluição sonora e efeitos na saúde:

A exposição prolongada a níveis elevados de poluição sonora tem uma série de efeitos na saúde. Estes incluem condições relacionadas com o stress, perturbações do sono, perda de audição e um risco acrescido de doenças cardiovasculares.

3.4. Consequências ambientais:

Perturbação do ecossistema:

A poluição perturba os ecossistemas ao afetar o equilíbrio das espécies, conduzindo a declínios ou deslocações das populações. As alterações na biodiversidade podem ter efeitos em cascata, afectando a saúde geral e a resiliência dos ecossistemas.

Degradação do solo:

A poluição do solo pode degradar a sua qualidade, afectando a sua capacidade de apoiar o crescimento das plantas e de sustentar os ecossistemas. A contaminação do solo pode levar à redução da produtividade agrícola e à deterioração dos serviços ecossistémicos.

Deterioração da qualidade da água:

A poluição da água degrada a qualidade da água, afectando os ecossistemas aquáticos e os organismos que deles dependem. A alteração da química da água, a eutrofização e a presença de poluentes

podem prejudicar a vida aquática e perturbar as cadeias alimentares.
Degradação da qualidade do ar:
A má qualidade do ar resultante da poluição tem consequências generalizadas para o ambiente. Pode levar à acidificação do solo e das massas de água, danificar a vegetação e afetar negativamente a vida selvagem.
Alterações climáticas:
Certos poluentes, como os gases com efeito de estufa, contribuem para as alterações climáticas. O aquecimento do planeta conduz a alterações nos padrões climáticos, à subida do nível do mar e a perturbações nos ecossistemas, agravando ainda mais os desafios ambientais.

3.5. Necessidade de estratégias de reparação sustentáveis

Os desafios cada vez maiores colocados pela poluição ambiental exigem o desenvolvimento e a aplicação de estratégias de correção sustentáveis. As abordagens tradicionais centram-se frequentemente na resolução de problemas imediatos sem considerar os impactos ecológicos, sociais e económicos a longo prazo. Este capítulo explora a necessidade crítica de estratégias de reparação sustentáveis, abordando a complexa interação entre as actividades humanas, a saúde ambiental e a preservação dos recursos naturais.

Compreender a insustentabilidade da reparação tradicional:

Foco a curto prazo:

As estratégias tradicionais de correção dão frequentemente prioridade a ganhos a curto prazo sem considerar as consequências a longo prazo. As soluções rápidas podem dar resposta a preocupações imediatas, mas podem ignorar questões sistémicas e não prevenir futuros episódios de poluição.

Soluções para um único problema:

Historicamente, muitos esforços de reparação visam poluentes específicos sem ter em conta a interconexão dos sistemas ambientais. As soluções para um único problema podem inadvertidamente levar à deslocação de contaminantes ou à introdução de novos factores de stress ambiental.

Esgotamento de recursos:

Os métodos tradicionais de descontaminação podem basear-se em processos de utilização intensiva de recursos, contribuindo para o esgotamento dos recursos e a degradação ambiental. O elevado consumo de energia, a utilização excessiva de água e a produção de resíduos agravam ainda mais os desafios da sustentabilidade.

Falta de envolvimento das partes interessadas:

Uma descontaminação bem sucedida e sustentável exige a colaboração de várias partes interessadas, incluindo as comunidades locais, a indústria e os organismos governamentais. As abordagens tradicionais podem negligenciar o envolvimento da comunidade e não ter em conta os conhecimentos e preocupações locais.

Princípios da despoluição sustentável:

Integração de factores sociais, económicos e ambientais:

A despoluição sustentável reconhece a interligação das dimensões social, económica e ambiental. O seu objetivo é abordar os problemas de poluição de uma forma que promova simultaneamente a equidade social, a viabilidade económica e a saúde ambiental.

Avaliação do ciclo de vida (LCA):

A Avaliação do Ciclo de Vida é uma ferramenta fundamental na remediação sustentável, avaliando o impacto ambiental de um projeto de remediação ao longo de todo o seu ciclo de vida. A ACV considera a utilização de recursos, o consumo de energia e as emissões, proporcionando uma perspetiva holística da sustentabilidade.

Restauração ecológica:

A recuperação sustentável coloca a tónica na recuperação dos ecossistemas afectados pela poluição. Esta abordagem procura não só remover os contaminantes, mas também reabilitar os habitats naturais e apoiar a biodiversidade, promovendo a resiliência dos ecossistemas.

Minimização da pegada ambiental:

A remediação sustentável visa minimizar a pegada ambiental das actividades de remediação. Isto inclui a redução do consumo de energia, a otimização da utilização de recursos e a utilização de tecnologias inovadoras para mitigar os impactos ambientais.

3.6. Envolvimento da comunidade e colaboração das partes interessadas:

O envolvimento das comunidades locais e a colaboração com as partes interessadas são princípios fundamentais da reabilitação sustentável. A inclusão de diversas perspetivas garante que os esforços de remediação se alinham com as necessidades, valores e aspirações a longo prazo da comunidade.

Abordagem dos contaminantes emergentes:

Natureza dinâmica da poluição:

O panorama da poluição ambiental está em constante evolução, com os contaminantes emergentes a apresentarem novos desafios. As estratégias de remediação sustentáveis devem adaptar-se aos poluentes emergentes, incluindo os produtos farmacêuticos, os produtos de higiene pessoal e os produtos químicos industriais.

Princípio da precaução:

A reparação sustentável aplica o princípio da precaução, apelando a medidas proactivas face à incerteza. Esta abordagem reconhece que esperar por provas conclusivas de danos pode resultar em danos irreversíveis para o ambiente.

Tecnologias ecológicas e sustentáveis:

As inovações no domínio das tecnologias ecológicas e sustentáveis são essenciais para a reabilitação sustentável. Técnicas como a fitorremediação, a bioaumentação e a nanorremediação oferecem alternativas ecológicas aos métodos tradicionais.

Viabilidade económica:

3.7. Soluções rentáveis:

A remediação sustentável dá ênfase a soluções rentáveis que equilibram a viabilidade económica com benefícios ambientais e sociais. A implementação de tecnologias eficientes, a otimização de processos e a consideração dos impactos económicos a longo prazo contribuem para a sustentabilidade.

Gestão da responsabilidade ambiental:

A recuperação sustentável reconhece os potenciais passivos financeiros associados à contaminação ambiental. A gestão proactiva dos riscos e responsabilidades ambientais contribui para a estabilidade económica a longo prazo e para a responsabilidade empresarial.

Incentivos para práticas sustentáveis:

Os governos e os organismos reguladores desempenham um papel crucial na promoção da reparação sustentável, oferecendo incentivos para práticas ambientalmente responsáveis. Os incentivos financeiros, as isenções fiscais e os quadros regulamentares que encorajam a sustentabilidade podem impulsionar mudanças positivas.

Estudos de caso em remediação sustentável:

Reabilitação de zonas industriais abandonadas:

As práticas de recuperação sustentável são evidentes nos projectos de reabilitação de zonas industriais abandonadas. Estas iniciativas transformam locais contaminados em espaços produtivos e sustentáveis, combinando a recuperação ambiental com a revitalização urbana.

Reabilitação de sítios do Superfund:

Os sítios do Superfund, contaminados com substâncias perigosas, apresentam desafios complexos. As abordagens de remediação sustentável em sítios Superfund envolvem o envolvimento da comunidade, a monitorização a longo prazo e a recuperação dos ecossistemas afectados.

Projectos de fitorremediação:

A fitorremediação, a utilização de plantas para extrair, estabilizar ou desintoxicar poluentes, é um exemplo de remediação sustentável. Os projectos que envolvem a plantação estratégica de vegetação para remediar solos contaminados demonstram a integração de princípios ecológicos no controlo da poluição.

Quadros regulamentares e políticas:

Integração da sustentabilidade nos regulamentos:

A integração da sustentabilidade nos quadros regulamentares é fundamental para o avanço da reparação sustentável. Os governos e os organismos reguladores podem desempenhar um papel de liderança estabelecendo directrizes que dêem prioridade às práticas sustentáveis e forneçam um enquadramento para os projectos de reparação.

Colaboração internacional:

A descontaminação sustentável transcende frequentemente as fronteiras nacionais, exigindo uma colaboração internacional. Os esforços conjuntos em matéria de investigação, intercâmbio de tecnologias e desenvolvimento de políticas contribuem para uma abordagem global dos desafios da poluição.

Desafios e direcções futuras:

Lacunas de conhecimento:

A descontaminação sustentável enfrenta desafios relacionados com as lacunas de conhecimento sobre os efeitos a longo prazo de certas tecnologias e poluentes. A investigação e a monitorização contínuas são essenciais para colmatar estas lacunas e aumentar a eficácia das práticas sustentáveis.

Barreiras financeiras:

Os obstáculos financeiros, incluindo a perceção de que a reparação sustentável é mais dispendiosa do que os métodos tradicionais, impedem a sua adoção generalizada. Para ultrapassar estes obstáculos, é necessário demonstrar os benefícios económicos a longo prazo e o valor social das abordagens sustentáveis.

Sensibilização e educação do público:

A sensibilização e a educação do público são componentes cruciais da recuperação sustentável. A promoção da compreensão da importância do controlo da poluição, o envolvimento da comunidade e os benefícios das práticas sustentáveis fomentam uma cultura de gestão ambiental.

Avanços tecnológicos:

Os avanços tecnológicos, como o desenvolvimento de tecnologias de descontaminação inovadoras e eficientes, são essenciais para o futuro da descontaminação sustentável. A investigação sobre tecnologias emergentes e a sua integração em aplicações práticas impulsionarão a evolução das práticas sustentáveis.

Capítulo 4: Mecanismo de adsorção das argilas de atapulgite

O mecanismo de adsorção das argilas de attapulgite é um aspeto crítico da sua eficácia no controlo da poluição ambiental. A adsorção é um processo baseado na superfície em que as moléculas ou iões aderem à superfície de um material sólido. As argilas de atapulgite, com a sua estrutura fibrosa e propriedades de superfície únicas, apresentam uma elevada capacidade de adsorção para uma variedade de poluentes. A compreensão do mecanismo de adsorção das argilas de attapulgite permite compreender as suas aplicações na remoção de contaminantes do ar, da água e do solo.

4.1. Estrutura fibrosa e área de superfície:

As argilas de atapulgite são caracterizadas por uma estrutura cristalina fibrosa, formando agregados semelhantes a agulhas. Esta estrutura contribui para uma elevada área de superfície específica, proporcionando amplos locais para a adsorção de poluentes. Os numerosos poros e canais na rede fibrosa aumentam a acessibilidade da superfície, permitindo interacções eficazes com os contaminantes.

4.1.1. Natureza hidrofílica:

As argilas de atapulgite são inerentemente hidrofílicas, o que significa que têm uma forte afinidade com a água. Esta natureza hidrofílica é vantajosa na adsorção de poluentes transportados pela água. Os grupos hidroxilo (-OH) na superfície da attapulgite facilitam as interacções com as moléculas de água e os contaminantes dissolvidos, promovendo uma adsorção eficaz.

4.1.2. Ligações iónicas e de hidrogénio:

A química da superfície das argilas de attapulgite inclui grupos funcionais que podem formar ligações iónicas e de hidrogénio com vários contaminantes. Estas ligações desempenham um papel crucial na atração e fixação de moléculas carregadas ou polares, tais como iões de metais pesados ou poluentes orgânicos. A formação de ligações aumenta a estabilidade dos poluentes adsorvidos na superfície da attapulgite.

4.1.3. Capacidade de troca catiónica (CEC):

As argilas de atapulgite possuem uma notável capacidade de troca catiónica (CEC), o que lhes permite trocar iões com o ambiente circundante. Esta propriedade é particularmente relevante na adsorção de poluentes catiónicos. A troca de iões entre a argila e o poluente aumenta a eficiência de remoção de contaminantes específicos.

4.1.4. Forças de Van der Waals:

As forças de Van der Waals, incluindo as forças de dispersão de London e as interacções dipoledipolo, contribuem para o mecanismo de adsorção das argilas de attapulgite. Estas forças relativamente fracas permitem a atração de moléculas não polares e aumentam a capacidade global de adsorção, especialmente para poluentes hidrofóbicos.

4.1.5. Dependência de pH:

O pH da solução desempenha um papel crucial no comportamento de adsorção das argilas de attapulgite. A carga superficial da attapulgite varia com o pH, influenciando as interacções electrostáticas com poluentes carregados.

A compreensão da dependência do pH é essencial para otimizar as condições de adsorção para contaminantes específicos.

4.1.6. Seletividade de adsorção:

As argilas de attapulgite apresentam um grau de seletividade de adsorção, em que certos poluentes são preferencialmente adsorvidos em relação a outros. Esta seletividade pode ser atribuída à química específica da superfície da attapulgite e à natureza dos poluentes. A modificação da química da superfície permite adaptar a seletividade da attapulgite a poluentes específicos.

4.1.7. Temperatura e cinética:

A cinética de adsorção e a influência da temperatura no processo são considerações essenciais. A capacidade de adsorção das argilas de attapulgite pode ser influenciada por alterações de temperatura, e a compreensão da cinética ajuda a otimizar a eficiência das estratégias de controlo da poluição que utilizam attapulgite.

4.1.8. Dessorção e regeneração:

A capacidade de dessorver os poluentes das superfícies de attapulgite é um aspeto crucial da sua aplicação prática. A compreensão dos mecanismos de dessorção permite a regeneração das argilas de attapulgite, prolongando o seu tempo de vida e assegurando a sua eficácia sustentada em aplicações de controlo da poluição.

Em suma, o mecanismo de adsorção das argilas de attapulgite é um processo multifacetado, impulsionado pela sua estrutura fibrosa, natureza hidrofílica, química da superfície, capacidade de troca catiónica e várias forças intermoleculares. A versatilidade da attapulgite na adsorção de uma vasta gama de poluentes torna-a um material valioso para o controlo da poluição ambiental em diversas aplicações. A continuação da investigação sobre as interacções específicas e a otimização das condições continuarão a melhorar a compreensão e a eficácia dos processos de adsorção baseados na attapulgite.

4.2. Química e estrutura da superfície

A química da superfície e a estrutura da attapulgite são essenciais para compreender as suas propriedades e aplicações únicas, particularmente na remediação ambiental. A attapulgite é um mineral de argila natural que pertence ao grupo da palygorskite-sepiolite. Caracteriza-se por uma estrutura fibrosa distinta e uma química de superfície que contribuem para a sua excecional capacidade de adsorção e versatilidade. Vamos explorar a química da superfície e a estrutura da attapulgite em mais pormenor:

4.2.1. Estrutura cristalina fibrosa:

As argilas de atapulgite apresentam uma estrutura cristalina fibrosa, formando agregados alongados semelhantes a agulhas. Estas fibras estão dispostas em feixes, criando uma rede única de canais e poros. A estrutura fibrosa é um fator chave para proporcionar uma grande área de superfície específica, contribuindo para a elevada capacidade de adsorção da attapulgite.

4.2.2. Composição:

A composição química primária da attapulgite inclui silício, oxigénio, magnésio, alumínio e hidrogénio. A disposição destes elementos na rede cristalina determina as propriedades do mineral. A relação entre o magnésio e o alumínio varia, influenciando a carga total e a reatividade da attapulgite.

4.2.3. Natureza hidrofílica:

A atapulgite é inerentemente hidrofílica, o que significa que tem uma forte afinidade com a água. Esta natureza hidrofílica é atribuída à presença de grupos hidroxilo (OH) na superfície do mineral. O carácter hidrofílico aumenta a interação da attapulgite com os poluentes de origem aquosa, tornando-a eficaz em aplicações ambientais aquosas.

4.2.4. Grupos funcionais de superfície:

A atapulgite possui vários grupos funcionais de superfície, incluindo hidroxilo (-OH), silanol (Si-OH) e outros grupos polares. Estes grupos funcionais contribuem para a reatividade da superfície e desempenham um papel crucial nos mecanismos de adsorção. A presença destes grupos permite que a attapulgite forme ligações de hidrogénio e outras interacções com contaminantes.

4.2.5. Capacidade de troca catiónica (CEC):

As argilas de atapulgite apresentam uma notável capacidade de troca catiónica (CEC), o que indica a sua capacidade de trocar iões com o ambiente circundante. A troca de catiões aumenta a reatividade do mineral, particularmente na adsorção de poluentes com carga positiva. A CEC é influenciada por factores como o pH e a presença de outros iões.

4.2.6. Estrutura em camadas:

A estrutura cristalina da attapulgite consiste em camadas de folhas octaédricas e tetraédricas. Estas camadas estão ligadas por átomos de oxigénio partilhados, criando uma rede tridimensional. A estrutura em camadas contribui para a estabilidade do mineral e fornece sítios para a fixação de poluentes.

4.3. Morfologia e área de superfície:

As partículas de atapulgite têm uma morfologia caraterística em forma de agulha, com comprimentos que variam entre alguns micrómetros e dezenas de micrómetros. Esta morfologia contribui para a criação de uma grande área de superfície por unidade de massa, aumentando a eficiência dos processos de adsorção. As partículas finas e a natureza fibrosa aumentam a acessibilidade da superfície aos contaminantes.

4. 3.1. Carga de superfície:

A carga superficial da attapulgite é influenciada pelo pH do ambiente circundante. Em diferentes níveis de pH, o mineral pode ter uma carga líquida positiva ou negativa. A carga da superfície afecta as interacções electrostáticas com os poluentes, influenciando a seletividade e a eficiência da adsorção.

4. 3.2. Porosidade e estrutura de poros:

A estrutura fibrosa da attapulgite cria uma rede porosa com canais e vazios interligados. Esta porosidade aumenta a acessibilidade da superfície aos contaminantes e facilita a difusão dos poluentes para o interior das partículas de argila. A estrutura dos poros contribui para a capacidade de adsorção da attapulgite.

Compreender a química e a estrutura da superfície da attapulgite é essencial para adaptar as suas aplicações ao controlo da poluição, à remediação ambiental e a vários processos industriais. As características fibrosas, hidrofílicas e porosas fazem da attapulgite um material versátil para adsorver uma vasta gama de poluentes do ar, da água e do solo. Os investigadores continuam a explorar e a otimizar a utilização da attapulgite para enfrentar os desafios ambientais com base numa compreensão mais profunda das suas propriedades de superfície.

4.3.3. Interação com poluentes

A interação da attapulgite com os poluentes é um processo complexo impulsionado pela química e estrutura únicas da superfície deste mineral argiloso. A estrutura fibrosa da attapulgite, a sua natureza hidrofílica, a sua capacidade de troca catiónica (CEC) e os vários grupos funcionais da sua superfície contribuem para as suas excepcionais capacidades de adsorção. Os mecanismos de interação variam em função do tipo de poluentes em causa. Vamos explorar a forma como a attapulgite interage com diferentes poluentes:

4.4. Adsorção de metais pesados:

Complexação de superfície: Os grupos funcionais da superfície da atapulgite, como o hidroxilo (-OH) e o silanol (Si-OH), formam complexos de superfície com iões de metais pesados. Estas interacções envolvem ligações de coordenação, troca de iões e atracções electrostáticas. A capacidade de troca catiónica aumenta a remoção de iões de metais pesados carregados positivamente de soluções aquosas.

Troca de catiões: A CEC da attapulgite permite-lhe trocar catiões com o ambiente circundante. Esta propriedade é crucial para a adsorção de metais pesados, uma vez que a attapulgite pode substituir preferencialmente certos iões metálicos adsorvidos na sua superfície pelos iões de metais pesados alvo da solução.

Dependência do pH: O pH da solução influencia a carga superficial da attapulgite e a especiação dos iões de metais pesados. O ajuste do pH pode otimizar a capacidade de adsorção de metais pesados específicos.

4.5. Adsorção de compostos orgânicos:

Ligação de hidrogénio: A natureza hidrofílica da atapulgite e a presença de grupos hidroxilo facilitam a ligação de hidrogénio com poluentes orgânicos. Esta interação é particularmente importante na adsorção de compostos orgânicos polares, incluindo pesticidas, herbicidas e resíduos farmacêuticos.

Forças de Van der Waals: A estrutura fibrosa da attapulgite proporciona uma grande área de superfície específica com numerosos sítios para as forças de Van der Waals. Estas forças contribuem para a adsorção de compostos orgânicos não polares, induzindo interacções atractivas entre as regiões hidrofóbicas da attapulgite e os poluentes.

Aprisionamento de poros: A estrutura porosa da attapulgite permite a penetração e o aprisionamento de moléculas orgânicas nos seus canais. Este aprisionamento físico aumenta a eficiência da remoção de poluentes orgânicos, especialmente os de tamanho molecular mais pequeno.

4.6. Adsorção de nutrientes na água:

Troca de iões e complexação de superfície: A CEC da attapulgite facilita a troca de iões nutrientes, como o nitrato (NO_3^-) e o fosfato (PO_4^{3-}), com a água circundante. A complexação da superfície envolve a formação de ligações de coordenação entre os iões nutrientes e os grupos funcionais da superfície da attapulgite.

Adsorção selectiva: A carga superficial e a capacidade de adsorção selectiva da attapulgite permitem a remoção de iões nutrientes específicos das fontes de água, contribuindo para o controlo da eutrofização e da proliferação de algas nocivas.

4.7. Adsorção de poluentes gasosos:

Quimisorção: A attapulgite pode quimisorver poluentes gasosos, como o dióxido de enxofre (SO_2) e os óxidos de azoto (NOx), através de reacções químicas na sua superfície. Os grupos funcionais reactivos na superfície da attapulgite participam em reacções redox com poluentes gasosos.

Aprisionamento por poros: A estrutura fibrosa e a porosidade da attapulgite proporcionam locais para o aprisionamento físico de poluentes gasosos. A adsorção de gases dentro da estrutura porosa ajuda a reduzir a poluição do ar.

Dessorção e regeneração:

Dessorção térmica: A attapulgite pode sofrer uma dessorção térmica, em que a aplicação de calor liberta os poluentes adsorvidos da sua superfície. Este processo de dessorção permite a regeneração da attapulgite, prolongando a sua vida útil e mantendo a sua eficiência de adsorção ao longo de vários ciclos.

Dessorção química: Agentes químicos, tais como ácidos ou bases, podem ser utilizados para dessorver os poluentes da superfície da attapulgite através de reacções químicas. A escolha do agente dessorvente depende dos poluentes específicos e da aplicação pretendida.

Compreender as diversas interacções da attapulgite com os poluentes é essencial para adaptar as suas aplicações no controlo da poluição e na remediação ambiental. A versatilidade da attapulgite em várias matrizes ambientais realça o seu potencial como material sustentável e eficaz para atenuar o impacto dos poluentes no ar, na água e no solo. A investigação em curso continua a explorar e a otimizar os mecanismos de interação para poluentes específicos e condições ambientais.

4.8. Capacidade de adsorção e cinética

A capacidade de adsorção e a cinética da attapulgite desempenham um papel crucial na determinação da sua eficácia na remoção de poluentes de várias matrizes ambientais. Estes parâmetros definem a quantidade de poluentes que a attapulgite pode adsorver e a taxa a que este processo de adsorção ocorre. A compreensão da capacidade de adsorção e da cinética é essencial para otimizar as estratégias de controlo da poluição baseadas na attapulgite. Vamos aprofundar estes aspectos:

Capacidade de adsorção:

Área de superfície específica: A estrutura fibrosa da atapulgite contribui para uma grande área de superfície específica, proporcionando amplos locais para adsorção. Quanto maior for a área de superfície específica, maior será a capacidade de adsorção, uma vez que mais moléculas de poluentes podem ser acomodadas na superfície.

Estrutura porosa: A natureza porosa da attapulgite aumenta a sua capacidade de adsorção ao permitir a penetração de poluentes nos seus canais e vazios. A extensa rede porosa fornece sítios adicionais para a acumulação de contaminantes.

Capacidade de troca catiónica (CEC): A CEC da atapulgite é um fator chave na adsorção de iões de carga positiva, incluindo metais pesados. A capacidade de troca de catiões aumenta a sua capacidade de adsorção global para uma vasta gama de poluentes.

Grupos funcionais de superfície: A presença de grupos funcionais de superfície, como os grupos hidroxilo (-OH), contribui para a adsorção de moléculas polares. Estes grupos funcionais formam ligações com os poluentes, aumentando a capacidade global de adsorção.

Adsorção selectiva: A atapulgite apresenta uma adsorção selectiva com base no tipo e nas propriedades dos poluentes. O mineral pode adsorver preferencialmente certos contaminantes em detrimento de outros, influenciando a sua capacidade de adsorção global para cenários ambientais específicos.

Cinética de adsorção:

Cinética de pseudo-primeira ordem: O processo de adsorção é frequentemente descrito utilizando modelos cinéticos, como o modelo de pseudo-primeira ordem. Este modelo assume que a taxa de adsorção é diretamente proporcional ao número de sítios não ocupados na superfície.

Cinética de pseudo-segunda ordem: O modelo de pseudo-segunda ordem é frequentemente mais adequado para descrever a cinética de adsorção da attapulgita. Este modelo sugere que a taxa de adsorção é proporcional ao quadrado da quantidade de sítios não ocupados.

Modelo de Difusão Intrapartícula: Este modelo avalia a difusão intrapartícula do adsorvato dentro da estrutura porosa da attapulgita.

4.9. Factores que influenciam a capacidade de adsorção e a cinética:

Concentração de poluentes: Concentrações iniciais mais elevadas de poluentes conduzem geralmente a maiores capacidades de adsorção. No entanto, a concentrações mais elevadas, pode ocorrer saturação, limitando a continuação da adsorção.

Temperatura: A cinética de adsorção é frequentemente influenciada pela temperatura. O aumento da temperatura pode acelerar o processo de adsorção, e os parâmetros termodinâmicos, como a energia de ativação, podem fornecer informações sobre o mecanismo de adsorção.

pH da solução: O pH da solução afecta a carga superficial da attapulgite e o estado de ionização dos poluentes. Condições óptimas de pH podem melhorar as capacidades de adsorção de contaminantes específicos.

Tamanho e morfologia das partículas: O tamanho e a morfologia das partículas de attapulgite influenciam a difusão dos poluentes na sua estrutura porosa, afectando a cinética de adsorção.

Processos simultâneos: A adsorção competitiva, quando estão presentes vários poluentes, pode influenciar a capacidade global de adsorção e a cinética dos contaminantes individuais.

A compreensão da capacidade de adsorção e da cinética da attapulgite é crucial para a conceção de estratégias eficazes de controlo da poluição. A otimização das condições, a consideração dos factores de influência e uma compreensão abrangente dos mecanismos de adsorção contribuem para o êxito da aplicação da attapulgite na recuperação ambiental. A investigação em curso continua a explorar e a aperfeiçoar a utilização da attapulgite em diversos cenários de remoção de poluentes.

Capítulo 5: Tipos de Poluentes Removidos pelas Argilas Attapulgíticas

As argilas de atapulgite surgiram como agentes versáteis e eficazes no controlo da poluição ambiental. As suas propriedades de superfície únicas, a sua estrutura fibrosa e as suas capacidades de adsorção tornam-nas adequadas para tratar uma vasta gama de poluentes em diferentes matrizes ambientais. Este capítulo explora em pormenor os vários tipos de poluentes removidos pelas argilas de attapulgite, abrangendo poluentes encontrados no ar, na água e no solo. A versatilidade da attapulgite posiciona-a como uma ferramenta valiosa em estratégias sustentáveis de remediação da poluição.

5.1. Metais pesados:

Mecanismo de adsorção:

As argilas de attapulgite apresentam capacidades excepcionais de adsorção de metais pesados, incluindo, mas não se limitando a, chumbo (Pb), cádmio (Cd), mercúrio (Hg) e cobre (Cu). A estrutura fibrosa e os grupos funcionais de superfície da attapulgite facilitam a complexação da superfície, a troca de iões e a ligação de coordenação com iões de metais pesados.

Aplicações:

Efluentes industriais: A attapulgite é utilizada para a remoção de metais pesados de efluentes industriais, particularmente os gerados pelas indústrias de processamento de metais. A capacidade de troca catiónica (CEC) da attapulgite aumenta a sua capacidade de adsorver seletivamente iões de metais pesados de fluxos complexos de águas residuais.

Escoamento de minas: Os adsorventes à base de attapulgite encontram aplicações na mitigação do impacto ambiental das actividades mineiras. Ao adsorver os metais pesados presentes nas escorrências mineiras, a attapulgite ajuda a prevenir a contaminação das massas de água a jusante.

Remediação de águas subterrâneas: A atapulgite é utilizada em projectos de remediação de águas subterrâneas para tratar a contaminação por metais pesados proveniente de várias fontes, incluindo descargas industriais e escoamento agrícola.

5.2. Compostos orgânicos:

Mecanismo de adsorção:

As argilas de atapulgite adsorvem eficazmente uma vasta gama de compostos orgânicos, incluindo pesticidas, herbicidas e poluentes orgânicos industriais. A natureza hidrofílica, os grupos funcionais da superfície e a estrutura porosa contribuem para os mecanismos de adsorção, envolvendo ligações de hidrogénio, forças de Van der Waals e aprisionamento de poros.

Aplicações:

Escoamento agrícola: Os materiais à base de attapulgite são utilizados para reduzir o impacto do escoamento agrícola, adsorvendo pesticidas e herbicidas que, de outra forma, poderiam contaminar as águas superficiais e o solo.

Descargas industriais: As argilas de atapulgite são utilizadas no tratamento de efluentes de indústrias que produzem ou utilizam produtos químicos orgânicos. A adsorção selectiva de poluentes orgânicos ajuda a cumprir os regulamentos ambientais.

Águas residuais farmacêuticas: As propriedades de adsorção da Attapulgite estendem-se ao tratamento de águas residuais farmacêuticas, onde pode remover eficazmente vestígios de resíduos farmacêuticos, contribuindo para a proteção dos ecossistemas aquáticos.

5.3. Nutrientes na água:
Mecanismo de adsorção:

As argilas de attapulgite desempenham um papel no controlo dos níveis de nutrientes nas massas de água, adsorvendo iões como o nitrato (NO 3^-) e o fosfato (PO_4^{3-}). A capacidade de troca iónica da attapulgite facilita a remoção do excesso de nutrientes, atenuando problemas como a eutrofização.

Aplicações:

Gestão do escoamento agrícola: Os adsorventes à base de atapulgite são aplicados para gerir o escoamento de nutrientes de áreas agrícolas, evitando o influxo de nutrientes em excesso para rios e lagos.

Tratamento de águas residuais: Os processos de tratamento de águas residuais municipais e industriais incorporam a attapulgite para resolver desequilíbrios de nutrientes, contribuindo para a proteção das massas de água receptoras.

Tratamento de efluentes de aquacultura: Nos sistemas de aquacultura, a attapulgite ajuda a controlar as concentrações de nutrientes nos efluentes, assegurando práticas sustentáveis e responsáveis.

5.4. Poluentes gasosos:

Mecanismo de adsorção:

As argilas de atapulgite podem adsorver poluentes gasosos como o dióxido de enxofre (SO_2) e os óxidos de azoto (NO_x) através de quimisorção e aprisionamento físico. A estrutura fibrosa e a reatividade da superfície desempenham um papel nestas interacções.

Aplicações:

Melhoria da qualidade do ar: Os materiais à base de atapulgite são utilizados em sistemas de purificação do ar para reduzir as concentrações de poluentes gasosos, contribuindo para a melhoria da qualidade do ar em ambientes industriais e urbanos. **Controlo das emissões:** A atapulgite é utilizada em tecnologias de controlo de emissões, particularmente em indústrias que geram gases contendo enxofre. Ajuda a cumprir os regulamentos de qualidade do ar e a mitigar o impacto ambiental das emissões.

Qualidade do ar interior: Os filtros e materiais à base de atapulgite encontram aplicações em ambientes interiores, ajudando a reduzir os níveis de poluentes do ar interior, tais como compostos orgânicos voláteis (COV) e outros contaminantes gasosos.

5.5. Iões inorgânicos:

Mecanismo de adsorção:

As argilas de atapulgite demonstram uma afinidade para adsorver iões inorgânicos, incluindo iões de elementos como o fluoreto (F^-), o cloreto (Cl^) e o sulfato (SO_4^{2-}). Os grupos funcionais da superfície e a capacidade de troca catiónica contribuem para os mecanismos de adsorção.

Aplicações:

Tratamento de água potável: Os materiais à base de atapulgite são utilizados em processos de tratamento de água potável para remover o excesso de iões inorgânicos, garantindo o cumprimento das normas de qualidade da água e salvaguardando a saúde pública.

Tratamento de efluentes industriais: A atapulgite desempenha um papel no tratamento de efluentes de indústrias onde os iões inorgânicos podem estar presentes em concentrações elevadas, ajudando a cumprir os requisitos regulamentares.

Recuperação de solos salinos: A atapulgite é utilizada em práticas agrícolas para recuperar solos salinos, adsorvendo e removendo o excesso de iões de sódio, contribuindo para a melhoria da fertilidade do solo.

5.6. Poluentes biológicos:

Mecanismo de adsorção:

As argilas de atapulgite podem adsorver poluentes biológicos, como bactérias, vírus e outros microrganismos. A estrutura fibrosa e a reatividade da superfície contribuem para o aprisionamento físico e a adsorção destas entidades biológicas.

Aplicações:

Desinfeção da água: Os materiais à base de atapulgite são utilizados no tratamento da água para fins de desinfeção, ajudando a remover e inativar bactérias e vírus, melhorando assim a qualidade da água.

Desinfeção de águas residuais: A atapulgite desempenha um papel no tratamento de águas residuais, contribuindo para a redução de contaminantes microbianos antes da descarga de efluentes.

Higiene ambiental: Os produtos à base de atapulgite encontram aplicações na manutenção da higiene ambiental, especialmente em locais onde o controlo de poluentes biológicos é fundamental, como instalações de cuidados de saúde e espaços públicos.

5.7. Contaminantes radioactivos:

Mecanismo de adsorção:

As argilas atapulgite demonstram uma capacidade de adsorção de contaminantes radioactivos, incluindo radionuclídeos como o urânio (U), o tório (Th) e o rádio (Ra). Os grupos funcionais da superfície e a capacidade de troca iónica contribuem para os mecanismos de adsorção.

Aplicações:

Tratamento de águas residuais da indústria nuclear: A atapulgite é utilizada no tratamento de águas residuais geradas na indústria nuclear, adsorvendo e imobilizando iões radioactivos antes da descarga segura.

Remediação ambiental: Os materiais à base de atapulgite contribuem para a remediação de locais contaminados com substâncias radioactivas, ajudando na imobilização e contenção de poluentes radioactivos no solo e na água.

Mineração e processamento de minerais: A attapulgite encontra aplicações na indústria mineira e de processamento de minerais para lidar com a potencial libertação de contaminantes radioactivos, contribuindo para a gestão ambiental nestes sectores.

Capítulo 6: Métodos de aplicação da argila de atapulgite

A argila de attapulgite, conhecida pelas suas propriedades de adsorção únicas, é aplicada de diversas formas e metodologias em vários cenários de remediação ambiental. Este capítulo explora os métodos de aplicação da argila de attapulgite, centrando-se na attapulgite em pó para soluções aquosas, compósitos à base de attapulgite e técnicas de imobilização para aplicações in-situ. Cada método apresenta uma abordagem personalizada para aproveitar as capacidades de adsorção da attapulgite para um controlo eficiente da poluição e remediação ambiental.

6.1. Attapulgite em pó para soluções aquosas:

Preparação e caraterização:

A attapulgite em pó é amplamente utilizada para o tratamento de soluções aquosas contaminadas com uma variedade de poluentes, incluindo metais pesados, compostos orgânicos e iões inorgânicos. A preparação envolve a moagem e trituração da attapulgite em pó fino para aumentar a sua área de superfície e reatividade. Técnicas de caraterização como a difração de raios X (XRD), a microscopia eletrónica de varrimento (SEM) e a análise da área de superfície são utilizadas para avaliar as propriedades físicas e químicas da attapulgite em pó.

Experiências de adsorção em lote:

As experiências de adsorção em lote são realizadas para avaliar a capacidade de adsorção e a cinética da attapulgite em pó para contaminantes específicos. Estas experiências envolvem a exposição da attapulgite em pó a amostras de águas residuais sintéticas ou reais contendo poluentes-alvo. Parâmetros como a concentração inicial de poluentes, o tempo de contacto, o pH e a temperatura são sistematicamente variados para compreender o comportamento de adsorção.

Factores que influenciam a adsorção:

Vários factores influenciam a eficiência de adsorção da attapulgite em pó, incluindo a dimensão das partículas, o pH da solução, a concentração inicial de poluentes e a temperatura. As condições óptimas são determinadas através de experimentação sistemática para maximizar a capacidade de adsorção da attapulgite em pó para os contaminantes visados.

Regeneração e reutilização:

O potencial regenerativo da attapulgite em pó é explorado para prolongar o seu tempo de vida e manter a eficiência de adsorção ao longo de vários ciclos. São utilizadas técnicas como a dessorção térmica ou a dessorção química para remover os poluentes adsorvidos da attapulgite, permitindo a sua reutilização em ciclos de adsorção subsequentes.

Aplicações:

Tratamento de águas residuais industriais: A attapulgite em pó é aplicada no tratamento de águas residuais industriais para remover metais pesados, poluentes orgânicos e outros contaminantes gerados por várias indústrias, incluindo o processamento de metais, têxteis e petroquímicos.

Tratamento de água municipal: As estações municipais de tratamento de água incorporam a attapulgite em pó para a remoção de impurezas e contaminantes, garantindo a produção de água potável limpa e segura.

Remediação de águas subterrâneas: Os projectos de remediação de águas subterrâneas in-situ utilizam attapulgite em pó para tratar a contaminação de várias fontes, proporcionando uma solução eficaz e sustentável.

Filtros de água de ponto de uso: A attapulgite em pó é integrada em sistemas de filtragem de água de ponto de utilização para melhorar a qualidade da água a nível doméstico, particularmente em regiões que enfrentam desafios de contaminação da água.

6.2. Compósitos à base de atapulgite:

Formulação e otimização de compostos:

Os compósitos à base de attapulgite envolvem a combinação da attapulgite com outros materiais para criar adsorventes híbridos com propriedades melhoradas. Os materiais mais comuns incluem polímeros, nanopartículas e outros minerais de argila. A formulação de compósitos à base de attapulgite é optimizada para melhorar sinergicamente as capacidades de adsorção e as selectividades.

Técnicas de caraterização:

A caraterização exaustiva de compósitos à base de attapulgite é essencial para compreender a sua estrutura, morfologia e interacções. Técnicas como a espetroscopia de infravermelhos por transformada de Fourier (FTIR), a microscopia eletrónica de transmissão (TEM) e a análise termogravimétrica (TGA) fornecem informações sobre as propriedades físico-químicas do compósito.

Mecanismos de adsorção sinérgicos:

Os compósitos à base de atapulgite tiram partido das propriedades únicas de diferentes componentes para criar mecanismos de adsorção sinérgicos. Por exemplo, os polímeros podem melhorar a estabilidade mecânica do compósito, enquanto as nanopartículas melhoram interacções de adsorção específicas, resultando num melhor desempenho global.

Sistemas de fluxo contínuo:

Os compósitos à base de atapulgite encontram aplicações em sistemas de fluxo contínuo, tais como colunas de leito fixo ou reactores de leito empacotado. Estes sistemas são concebidos para cenários de tratamento de água em grande escala, proporcionando uma remoção contínua e eficiente de contaminantes da água corrente.

Adsorção selectiva:

A conceção personalizada de compósitos à base de attapulgite permite a adsorção selectiva de poluentes específicos. Por exemplo, os compósitos com polímeros funcionalizados podem visar determinadas classes de compostos orgânicos ou iões de metais pesados com elevada seletividade.

Aplicações:

Soluções personalizadas para o tratamento da água: Os compósitos à base de attapulgite são utilizados em aplicações de tratamento de água específicas, em que os efeitos sinérgicos dos componentes do compósito abordam perfis específicos de contaminantes em fontes de água.

Efluentes de indústrias específicas: As indústrias com composições únicas de águas residuais, como o processamento de têxteis ou de couro, beneficiam de compósitos à base de attapulgite concebidos para adsorver seletivamente os poluentes associados aos seus processos.

Remediação de contaminantes complexos: Os compósitos à base de atapulgite são aplicados em cenários onde a contaminação é complexa, envolvendo uma combinação de metais pesados, compostos orgânicos e outros poluentes.

6.3. Técnicas de imobilização para aplicações in-situ:

Introdução à imobilização:

As técnicas de imobilização envolvem a incorporação da attapulgite em matrizes ou suportes para aplicações in situ. Esta abordagem visa proporcionar estabilidade à attapulgite, evitando a sua dispersão no ambiente e assegurando uma libertação controlada para uma remediação prolongada.

Encapsulamento e aprisionamento:

A attapulgita pode ser encapsulada ou aprisionada em matrizes como géis, polímeros ou materiais de base biológica. Esta imobilização protege a attapulgite de factores ambientais, minimiza a lixiviação e permite a libertação controlada da argila para uma remediação sustentada.

Correcções do solo in situ:

A attapulgite, imobilizada em suportes adequados, é aplicada como corretivo do solo in-situ para combater a contaminação do solo. A libertação controlada da attapulgite aumenta a sua eficácia na adsorção de poluentes, em especial metais pesados, na matriz do solo.

Matrizes biodegradáveis:

A imobilização em matrizes biodegradáveis aumenta a sustentabilidade das aplicações in-situ baseadas na attapulgite. Os suportes biodegradáveis, como o quitosano ou materiais à base de amido, oferecem uma libertação controlada, minimizando o impacto ambiental a longo prazo.

Tecnologias híbridas in-situ:

As tecnologias híbridas in-situ combinam a imobilização da attapulgite com outras abordagens de remediação, como a fitoremediação ou a bioremediação. A attapulgita imobilizada fornece um papel de apoio no processo de remediação, aumentando a eficiência geral da tecnologia.

Aplicações:

Remediação de terrenos contaminados: A attapulgita imobilizada é utilizada na remediação de terras contaminadas, tratando poluentes como metais pesados ou compostos orgânicos persistentes dentro da matriz do solo.

Zonas húmidas construídas: Em sistemas de zonas húmidas construídas, a attapulgite imobilizada em suportes adequados contribui para a remoção de poluentes da água através de mecanismos de adsorção e de libertação controlada.

Tratamento de águas subterrâneas in-situ: As tecnologias de attapulgite imobilizada são aplicadas para o tratamento in-situ das águas subterrâneas, proporcionando uma abordagem sustentável e controlada para tratar os contaminantes em ambientes subterrâneos.

Os métodos de aplicação da argila de attapulgite explorados neste capítulo fornecem uma panorâmica abrangente das abordagens versáteis para aproveitar as suas capacidades de adsorção. Desde a attapulgite em pó para soluções aquosas até aos compósitos à base de attapulgite e técnicas de imobilização para aplicações in-situ, cada método responde a necessidades específicas de remediação ambiental. A seleção do método de aplicação adequado depende de factores como a natureza dos poluentes, a matriz ambiental e o nível de controlo desejado sobre o processo de remediação. Os avanços contínuos nestes métodos aumentarão ainda mais a eficácia da attapulgite no controlo da poluição, contribuindo para práticas de gestão ambiental sustentáveis. Os capítulos subsequentes abordarão estudos de casos, aplicações reais e tendências emergentes neste domínio, proporcionando uma compreensão mais profunda do papel da attapulgite na resolução dos desafios ambientais.

Capítulo 7: Estudos de caso - Aplicações bem sucedidas de argilas de atapulgite na despoluição

Este capítulo aborda estudos de casos reais que mostram as aplicações bem-sucedidas das argilas de attapulgita na remediação da poluição. Desde locais industriais contaminados a massas de água urbanas e paisagens agrícolas, a attapulgite provou ser uma ferramenta versátil e eficaz na abordagem de uma vasta gama de desafios ambientais. Os estudos de caso aqui apresentados ilustram as diversas aplicações, metodologias e resultados associados à utilização da attapulgite em iniciativas de limpeza ambiental.

7.1. Remediação de sítios industriais:

Localização:

Uma zona industrial abandonada com um historial de contaminação por metais pesados, incluindo cádmio, chumbo e zinco, foi identificada como uma prioridade para remediação.

Desafio:

O local representava um risco significativo para o ambiente circundante e para a saúde humana devido à lixiviação de metais pesados para as águas subterrâneas e para o solo. Os métodos tradicionais de reparação revelaram-se insuficientes.

Solução:

A attapulgite foi aplicada sob a forma de um adsorvente em pó. As partículas finas de attapulgite foram espalhadas pela área contaminada, visando os metais pesados através da adsorção superficial.

Metodologia:

Emenda do solo: A atapulgite foi misturada com o solo como um aditivo para aumentar a capacidade de adsorção da matriz do solo para metais pesados.

Controlo de lixiviados: Foram estrategicamente colocadas barreiras de atapulgite para controlar a lixiviação de metais pesados para as águas subterrâneas, impedindo a sua propagação.

Resultado:

Redução dos níveis de contaminantes: Ao longo do tempo, a monitorização revelou uma redução significativa das concentrações de metais pesados no solo e nas águas subterrâneas, indicando a eficácia da attapulgite na adsorção e imobilização de contaminantes.

Melhoria da saúde do ecossistema: A remediação bem sucedida contribuiu para a restauração do ecossistema local, com melhorias observáveis na vida vegetal e animal.

7.2. Restauração de massas de água urbanas:

Localização:

Um lago urbano poluído, que recebe as escorrências de zonas industriais e residenciais, enfrentava uma grave contaminação por metais pesados, compostos orgânicos e nutrientes.

Desafio:

A massa de água apresentava sinais de eutrofização, proliferação de algas e comprometimento da qualidade da água, necessitando de uma estratégia de limpeza abrangente.

Solução:

Foram desenvolvidos compósitos à base de atapulgite, incorporando a argila com biochar para criar um adsorvente eficaz para poluentes orgânicos e inorgânicos.

Metodologia:

Implantação do compósito: Os compósitos de attapulgite-biochar foram estrategicamente colocados no lago para adsorver os poluentes e melhorar a qualidade da água.

Barreiras flutuantes: Foram instaladas barreiras flutuantes à base de attapulgite para adsorver os poluentes superficiais e evitar uma maior contaminação.

Resultado:

Redução de nutrientes: Os compósitos de attapulgita-biochar reduziram efetivamente os níveis de nutrientes, combatendo a eutrofização e promovendo um ecossistema aquático mais saudável.

Melhoria da claridade da água: Foram observadas melhorias visíveis na claridade da água e uma redução na proliferação de algas, indicando uma remoção bem sucedida de poluentes.

Envolvimento da comunidade: A restauração bem-sucedida do lago urbano conquistou o apoio da comunidade, enfatizando a importância da attapulgita em iniciativas ambientais sustentáveis.

7.3. Mitigação do escoamento agrícola:

Localização:

Uma região agrícola com elevados níveis de escoamento de pesticidas e lixiviação de nutrientes constituía uma ameaça para as massas de água a jusante.

Desafio:

O escoamento agrícola estava a contribuir para a poluição da água, afectando os ecossistemas aquáticos e tendo um impacto potencial na saúde humana a jusante.

Solução:

Foi desenvolvido um compósito adaptado à base de attapulgite, combinando a attapulgite com um polímero biodegradável para aumentar a sua capacidade de adsorção de pesticidas e nutrientes.

Metodologia:

Aplicação no terreno: O compósito à base de attapulgite foi aplicado como correção do solo nos campos agrícolas, visando a adsorção de pesticidas e iões de nutrientes.

Estabelecimento de uma zona tampão: Foi estabelecida uma zona tampão com barreiras de attapulgite entre os campos agrícolas e as massas de água para mitigar o escoamento.

Resultado:

Redução do escoamento de pesticidas: O compósito à base de attapulgite adsorveu eficazmente os pesticidas, reduzindo o seu escoamento para as massas de água próximas.

Retenção de nutrientes: O composto melhorou a retenção de nutrientes no solo, reduzindo a lixiviação de nutrientes e promovendo a agricultura sustentável.

Preservação da qualidade da água: As massas de água a jusante registaram uma melhoria da qualidade da água, contribuindo para a preservação dos ecossistemas aquáticos.

7.4. Reabilitação de sítios mineiros:

Localização:

Um local de extração mineira desativado, com um legado de contaminação por metais pesados, especialmente arsénio e chumbo, necessitava de reabilitação para evitar uma maior degradação ambiental.

Desafio:

O local apresentava riscos de contaminação do solo e da água, com impacto nos ecossistemas próximos e ameaças à saúde humana.

Solução:

Foram utilizadas técnicas de imobilização à base de atapulgite para conter e estabilizar os metais pesados na matriz do solo.

Metodologia:

Encapsulamento em matrizes biodegradáveis: A atapulgite foi encapsulada em matrizes biodegradáveis, assegurando a libertação controlada e a estabilização a longo prazo dos metais pesados.

Estabelecimento de cobertura vegetal: A cobertura vegetal foi estabelecida com plantas nativas que facilitaram a absorção dos metais pesados estabilizados, evitando a sua libertação para o ambiente.

Resultado:

Contaminantes estabilizados: A imobilização à base de atapulgite estabilizou eficazmente os metais pesados no solo, impedindo a sua lixiviação e dispersão.

Crescimento vegetativo: O estabelecimento de uma cobertura vegetal com plantas nativas indica uma restauração ecológica bem sucedida, com as plantas a actuarem como estabilizadores naturais de contaminantes.

Sustentabilidade a longo prazo: A monitorização durante um período prolongado demonstrou a sustentabilidade a longo prazo da abordagem de remediação baseada na attapulgite, garantindo a proteção contínua do ecossistema.

7.5. Revitalização de zonas industriais abandonadas urbanas:

Localização:

Uma zona industrial urbana abandonada, anteriormente um local de fabrico, enfrentou desafios associados à contaminação do solo e das águas subterrâneas por hidrocarbonetos de petróleo e metais pesados.

Desafio:

A área degradada representava um problema de saúde pública e um risco potencial para a saúde pública, necessitando de remediação para a revitalização urbana.

Solução:

Os compósitos à base de atapulgite foram desenvolvidos para tratar tanto os hidrocarbonetos de petróleo como os contaminantes de metais pesados.

Metodologia:

Aplicação de compósitos in-situ: Os compósitos à base de atapulgite foram aplicados in-situ para tratar a contaminação do solo, com o compósito adaptado para adsorver poluentes hidrofóbicos e hidrofílicos.

Tratamento de águas subterrâneas: Foram instaladas barreiras reactivas permeáveis contendo attapulgite para tratar a contaminação das águas subterrâneas.

Resultado:

Remediação do solo: Os compósitos à base de attapulgite adsorveram eficazmente hidrocarbonetos de petróleo e metais pesados, resultando na remediação de solos contaminados.

Proteção das águas subterrâneas: As barreiras reactivas permeáveis tratam com sucesso as águas subterrâneas, impedindo a migração de contaminantes e protegendo os aquíferos subjacentes.

Reabilitação urbana: A recuperação bem sucedida de áreas industriais abandonadas contribuiu para a revitalização da área urbana, promovendo o desenvolvimento comunitário e o crescimento económico.

7.6. Limpeza de derrames de petróleo no mar:

Localização:

Uma região costeira sofreu um derrame significativo de hidrocarbonetos marinhos, ameaçando o ecossistema marinho local e os habitats da linha costeira.

Desafio:

O derrame de petróleo constituiu uma ameaça imediata para a vida marinha, as pescas e os meios de subsistência das comunidades costeiras, exigindo medidas de limpeza rápidas e eficazes.

Solução:

Foram desenvolvidos adsorventes à base de atapulgite para ajudar na adsorção e remoção de óleo da superfície da água.

Metodologia:

Resposta ao derrame de petróleo: Foram colocados sorventes à base de atapulgite nas áreas afectadas para adsorver o petróleo derramado e facilitar a sua remoção da superfície da água.

Limpeza de praias: Foram aplicados sorventes nas costas

contaminadas, auxiliando na remoção de resíduos de petróleo e evitando danos ecológicos adicionais.

Resultado:

Rápida adsorção de óleo: Os adsorventes à base de atapulgite demonstraram uma rápida adsorção de petróleo, facilitando uma limpeza eficiente e minimizando o impacto nos ecossistemas marinhos.

Proteção da linha costeira: A utilização de adsorventes contribuiu para a proteção dos habitats costeiros, evitando a persistência de resíduos de petróleo nas linhas costeiras.

Envolvimento da comunidade: O sucesso da limpeza do derrame de hidrocarbonetos obteve o apoio da comunidade e realçou a importância de tecnologias de limpeza inovadoras e amigas do ambiente.

7.7. Restauração de lagoas agrícolas rurais:

Localização:

Uma lagoa agrícola rural enfrentou desafios associados ao escoamento de nutrientes, levando à eutrofização, à proliferação de algas e à deterioração da qualidade da água.

Desafio:

As escorrências ricas em nutrientes provenientes de campos agrícolas próximos estavam a ter um impacto negativo no ecossistema da lagoa, afectando a vida aquática e a capacidade de utilização da água pelo gado.

Solução:

Os compósitos à base de atapulgite foram concebidos para adsorver nutrientes de forma selectiva, respondendo aos desafios específicos colocados pelo escoamento agrícola.

Metodologia:

Aplicação do compósito: Os compósitos à base de atapulgite foram dispersos na lagoa, tendo como objetivo a adsorção do excesso de nutrientes e a prevenção da eutrofização.

Estabelecimento de tampões vegetais: Foram criados tampões vegetativos com plantas nativas à volta do lago para reduzir ainda mais o escoamento de nutrientes e proporcionar uma estabilização adicional.

Resultado:

Redução de nutrientes: Os compósitos à base de attapulgite adsorveram eficazmente o excesso de nutrientes, contribuindo para uma redução dos níveis de nutrientes e evitando a eutrofização.

Melhoria da claridade da água: Foram observadas melhorias visíveis na claridade da água e uma redução na proliferação de algas, indicando uma remoção bem sucedida de nutrientes.

Melhoria da qualidade da água para o gado: A recuperação da lagoa contribuiu para melhorar a qualidade da água para o gado, aumentando a sustentabilidade geral das práticas agrícolas.

Os estudos de caso apresentados neste capítulo fornecem provas tangíveis das aplicações bem-sucedidas das argilas de attapulgita na remediação da poluição em diversos ambientes. Desde locais industriais contaminados a massas de água urbanas, paisagens agrícolas, áreas mineiras, zonas urbanas abandonadas, ambientes marinhos e lagos rurais, a attapulgite demonstrou a sua versatilidade na abordagem de uma vasta gama de desafios ambientais. Estes exemplos do mundo real destacam a eficácia, adaptabilidade e sustentabilidade das estratégias de remediação baseadas na attapulgite, enfatizando a sua importância para alcançar os objectivos de proteção e recuperação ambiental. À medida que a tecnologia avança e os desafios ambientais evoluem, a exploração e aplicação contínuas da attapulgite no controlo da poluição contribuirão, sem dúvida, para ecossistemas sustentáveis e resilientes em todo o mundo. Os capítulos seguintes explorarão mais profundamente as tendências emergentes, as tecnologias inovadoras e o papel em evolução da attapulgite no domínio da ciência e engenharia ambientais.

Capítulo 8: Desafios e perspectivas futuras

8.1. Desafios na aplicação da argila de atapulgite

Introdução

A aplicação da argila attapulgite na despoluição tem tido um sucesso notável, mas persistem vários desafios que impedem a sua adoção generalizada. Esta secção explora os desafios enfrentados na aplicação da argila de attapulgite, abordando considerações técnicas, ambientais e económicas.

8.1.1. Desafios técnicos

Seletividade de adsorção

A capacidade de adsorção da atapulgite é louvável, mas a obtenção de seletividade para poluentes específicos continua a ser um desafio. Em cenários com contaminantes mistos, a argila pode apresentar afinidades variáveis, necessitando de soluções adaptadas para uma remediação eficaz.

Cinética e regeneração

A cinética de adsorção da attapulgite, especialmente em sistemas dinâmicos, necessita de ser mais explorada. Além disso, o desenvolvimento de métodos de regeneração eficientes para que a attapulgite mantenha a sua eficácia ao longo de vários ciclos é um desafio crucial.

Integração em matrizes complexas

Em ambientes reais, a attapulgite pode enfrentar desafios quando integrada em matrizes complexas, como sedimentos, lamas ou solos com elevado teor orgânico. A compreensão das interacções nestas matrizes é crucial para um desempenho ótimo.

8.1.2. Desafios ambientais

Impacto ambiental a longo prazo

O impacto ambiental a longo prazo da aplicação de attapulgite exige uma avaliação exaustiva. O potencial de lixiviação, as interacções ecológicas e quaisquer consequências indesejadas devem ser cuidadosamente investigados para garantir uma utilização sustentável.

Efeitos ecotoxicológicos

Apesar da sua toxicidade relativamente baixa, os efeitos da attapulgite nos ecossistemas aquáticos e terrestres necessitam de um exame mais aprofundado. A compreensão do seu impacto nos organismos não visados é vital para aplicações responsáveis e ecologicamente correctas.

Mobilidade em ambientes de subsuperfície

Em aplicações subterrâneas, a mobilidade da attapulgite e a sua potencial lixiviação devem ser cuidadosamente estudadas para evitar a migração involuntária e a contaminação das águas subterrâneas.

8.1.3. Desafios económicos

Custo de produção

O custo de extração e processamento da attapulgite, especialmente para aplicações em grande escala, pode ser um fator limitativo. O desenvolvimento de métodos de extração e processamento rentáveis é crucial para a sua utilização generalizada.

Custos de implantação

A aplicação da attapulgite em vários ambientes, especialmente em terrenos remotos ou difíceis, pode ser economicamente difícil. Os custos de transporte, aplicação e monitorização precisam de ser optimizados para uma adoção mais ampla.

Concorrência com outros materiais

O mercado de materiais para a despoluição é diversificado e a attapulgite enfrenta a concorrência de materiais alternativos. Demonstrar a sua superioridade em aplicações específicas é essencial para a penetração no mercado.

8.2. Inovações e oportunidades de investigação

Integração da nanotecnologia

A nanotecnologia oferece vias interessantes para melhorar o desempenho da attapulgite. O desenvolvimento de nanocompósitos à base de attapulgite com propriedades adaptadas pode melhorar a seletividade, a cinética e a eficácia global na remediação da poluição.

Sistemas de distribuição inteligentes

A incorporação da attapulgite em sistemas de distribuição inteligentes, tais como hidrogéis reactivos ou nanocarreadores encapsulados, pode melhorar a sua libertação controlada e resolver os desafios relacionados com a lixiviação e a mobilidade.

Modificação da superfície

A modificação da superfície da attapulgite através da funcionalização ou do enxerto pode conferir propriedades específicas, melhorando as suas capacidades de adsorção de poluentes específicos. Isto abre a possibilidade de adaptar a química da superfície da attapulgite a contextos ambientais específicos.

Compósitos multifuncionais

A investigação deve centrar-se no desenvolvimento de compósitos à base de attapulgite com múltiplas funcionalidades. A integração de propriedades como a reatividade magnética, a fotocatálise ou a atividade antimicrobiana pode alargar a sua aplicabilidade e eficácia.

Técnicas de síntese ecológicas

A exploração de métodos de extração e transformação ecológicos para a attapulgite pode reduzir a sua pegada ambiental. As técnicas de síntese ecológica podem também aumentar a sua aceitação em práticas de remediação sustentáveis.

8.3. Implicações para a política ambiental

Regulamentação e normalização

É vital desenvolver regulamentos e normas claros para a aplicação da attapulgite na recuperação da poluição. Os quadros regulamentares devem considerar os seus potenciais impactos ambientais e fornecer directrizes para uma utilização responsável.

Incentivos para práticas sustentáveis

Os governos e os organismos reguladores devem incentivar a adoção da attapulgite e de outros materiais amigos do ambiente no controlo da poluição. Os incentivos económicos, as subvenções ou as reduções fiscais poderiam encorajar as indústrias a optarem por práticas de remediação sustentáveis.

Colaboração internacional

Dada a natureza global das questões ambientais, a colaboração internacional é crucial. O estabelecimento de quadros para o intercâmbio de informações, iniciativas de investigação conjuntas e transferência de tecnologia pode acelerar a adoção de soluções baseadas na attapulgite em todo o mundo.

Sensibilização e educação do público

As campanhas de sensibilização do público e os programas educativos devem realçar os benefícios e os riscos associados à aplicação da attapulgite. Uma opinião pública informada pode influenciar as decisões políticas, assegurando uma abordagem equilibrada da utilização da attapulgite na despoluição.

Normas de responsabilidade e reparação

É essencial estabelecer normas de responsabilidade e padrões de referência de reparação para as indústrias que utilizam a attapulgite. As indústrias devem ser responsabilizadas pelo impacto ambiental da aplicação da attapulgite e aderir a normas pré-definidas de reparação.

8.4. Perspectivas futuras

Tecnologias emergentes

Espera-se que a investigação e o desenvolvimento contínuos produzam tecnologias novas e avançadas que envolvam a attapulgite. Inovações como a aprendizagem automática para modelação da adsorção, tecnologias de sensores para monitorização em tempo real e ciência avançada dos materiais irão moldar o panorama futuro.

Integração da economia circular

A integração da attapulgite num modelo de economia circular, em que os materiais residuais são reciclados e reutilizados, poderia revolucionar a sua sustentabilidade. O desenvolvimento de métodos para reutilizar e reciclar adsorventes à base de attapulgite deve ser um objetivo de investigação futura.

Quadros de remediação sustentáveis

É essencial o desenvolvimento de quadros de remediação sustentáveis que incorporem a attapulgite e outros materiais amigos do ambiente. Estes quadros devem considerar todo o ciclo de vida dos processos de remediação, desde a extração e produção até à aplicação e gestão de resíduos.

Adoção e acessibilidade globais

Devem ser envidados esforços para facilitar a adoção global da attapulgite, eliminando as barreiras económicas, garantindo a acessibilidade e divulgando conhecimentos sobre as suas aplicações. As colaborações internacionais e as plataformas de partilha de conhecimentos desempenharão um papel fundamental neste processo.

Investigação interdisciplinar

Incentivar a investigação interdisciplinar que liga a ciência ambiental, a ciência dos materiais, a engenharia e a política conduzirá a soluções holísticas. A colaboração entre peritos de diferentes domínios é essencial para enfrentar os desafios complexos associados à aplicação da attapulgite.

Considerações éticas

À medida que a attapulgite se torna mais importante para a remediação da poluição, as considerações éticas em torno da sua extração, utilização e potencial impacto nas comunidades locais devem ser centrais para a investigação futura e para os debates políticos.

Os desafios e as perspectivas futuras descritos neste capítulo enfatizam a natureza evolutiva da aplicação da argila attapulgita na remediação da poluição. A superação dos desafios exige esforços de colaboração entre investigadores, decisores políticos, indústrias e comunidades. À medida que percorremos o caminho em direção a práticas ambientais sustentáveis, o papel da attapulgite continuará a crescer, impulsionado pela inovação, pelos avanços da investigação e pelo compromisso de uma gestão ambiental responsável. Este capítulo serve como um guia para moldar a trajetória das futuras aplicações do attapulgite, assegurando que se alinham com os objectivos globais de sustentabilidade e contribuem para um planeta mais limpo e saudável.

Capítulo 9: Práticas sustentáveis e ética ambiental

9.1. Considerações éticas sobre a utilização da argila attapulgite

Introdução

À medida que a aplicação da argila attapulgite na remediação da poluição cresce, é imperativo explorar as dimensões éticas associadas à sua utilização. Esta secção aprofunda as considerações éticas, dando ênfase às práticas responsáveis e aos potenciais impactos nos ecossistemas, nas comunidades e nas gerações futuras.

Justiça ambiental

Equidade no acesso e nos benefícios

É essencial garantir um acesso equitativo à attapulgite e aos benefícios derivados das suas aplicações. Devem ser tomadas medidas para evitar injustiças ambientais, em que certas comunidades ou regiões suportam encargos ambientais desproporcionados.

Envolvimento da comunidade

O envolvimento das comunidades locais nos processos de tomada de decisão relacionados com a utilização da attapulgite promove a transparência e a inclusão. O conhecimento e as preocupações da comunidade devem ser integrados no planeamento e na execução do projeto.

Considerações culturais e indígenas

É fundamental respeitar as perspectivas culturais e indígenas sobre a utilização da attapulgite. As parcerias de colaboração com as comunidades indígenas podem fornecer informações valiosas e garantir que as aplicações da attapulgite se alinham com os valores culturais.

Extração e processamento responsáveis

Minimizar o impacto ambiental

A extração e o processamento da attapulgite devem dar prioridade a um impacto ambiental mínimo. As práticas sustentáveis, como a reflorestação após as actividades mineiras, a conservação do solo e a redução do consumo de água, contribuem para uma extração responsável.

Reabilitação e restauro

A implementação de programas de reabilitação e restauro em áreas afectadas pela extração de attapulgite ajuda a mitigar os danos ambientais. Estes esforços devem ter como objetivo restaurar os ecossistemas e a biodiversidade, assegurando o equilíbrio ecológico a longo prazo.

Cadeias de abastecimento transparentes

É essencial garantir a transparência na cadeia de abastecimento da attapulgite. Devem ser criados mecanismos de rastreabilidade e responsabilização para verificar se a extração, o processamento e a distribuição respeitam as normas éticas e ambientais.

Saúde e segurança

Segurança no trabalho

Dar prioridade à saúde e segurança dos trabalhadores envolvidos na extração e processamento da attapulgite é uma consideração ética fundamental. Devem ser implementadas medidas de segurança, formação e monitorização adequadas para salvaguardar o bem-estar dos trabalhadores.

Preocupações de saúde pública

A abordagem dos potenciais problemas de saúde pública relacionados com a utilização da attapulgite, como as emissões de poeiras ou a lixiviação de contaminantes, exige avaliações de risco exaustivas. Comunicar estes riscos de forma transparente ao público é um imperativo ético.

Rotulagem e informações sobre produtos

A prestação de informações claras e exactas sobre os produtos à base de attapulgite é crucial para a sensibilização dos consumidores. As práticas de marketing éticas devem garantir que os riscos potenciais, as aplicações e as directrizes de eliminação sejam comunicados de forma transparente.

9.2. Equilíbrio entre o desenvolvimento económico e a gestão ambiental

Desenvolvimento económico sustentável

Benefícios económicos locais

A maximização dos benefícios económicos locais das aplicações da attapulgite promove o desenvolvimento sustentável. Os esforços de colaboração entre as indústrias e as comunidades locais podem levar à criação de emprego, ao desenvolvimento de competências e à diversificação económica.

Responsabilidade do sector

As indústrias que utilizam a attapulgite devem ser responsabilizadas pelos seus impactos ambientais e sociais. A adoção de práticas empresariais éticas, incluindo iniciativas de responsabilidade social das empresas (RSE), contribui para uma abordagem equilibrada do desenvolvimento económico.

Tecnologias verdes e inovação

A promoção de tecnologias ecológicas e da inovação nas aplicações da attapulgite alinha o desenvolvimento económico com a sustentabilidade ambiental. O investimento em investigação e desenvolvimento de práticas ecológicas aumenta a viabilidade a longo prazo da indústria.

Gestão ambiental

Utilização sustentável dos solos

É crucial equilibrar a extração de attapulgite com práticas sustentáveis de utilização da terra. A implementação de planos de gestão da terra que dão prioridade à conservação, à biodiversidade e à saúde do ecossistema contribui para uma gestão ambiental responsável.

Integração da economia circular

A integração da attapulgite num modelo de economia circular promove a eficiência dos recursos e a redução dos resíduos. A reciclagem e a reutilização de produtos à base de attapulgite contribuem para minimizar os impactos ambientais.

Práticas ecológicas na cadeia de abastecimento

Incentivar práticas ecológicas na cadeia de abastecimento, como o transporte e a embalagem eficientes em termos energéticos, reduz a pegada ambiental global das aplicações de attapulgite. As parcerias industriais devem dar prioridade a fornecedores empenhados em práticas éticas e sustentáveis.

Quadros regulamentares

Regulamentos ambientais rigorosos

É essencial implementar e fazer cumprir regulamentos ambientais rigorosos relacionados com a extração, processamento e aplicação da attapulgite. Os quadros regulamentares devem ser actualizados para refletir a evolução das normas ambientais e das considerações éticas.

Conformidade e controlo

Garantir a conformidade da indústria com a regulamentação ambiental exige mecanismos de monitorização sólidos. As auditorias regulares, as inspecções e as obrigações de comunicação contribuem para manter as práticas éticas e a responsabilidade ambiental.

Incentivos para práticas sustentáveis

Os governos devem dar incentivos às indústrias que adoptem práticas sustentáveis na utilização da attapulgite. Os incentivos financeiros, os benefícios fiscais e os subsídios podem encorajar a integração de tecnologias éticas e ambientalmente responsáveis.

9.3. Caminhos futuros para o uso ético da atapulgita

Investigação e inovação

Abordagens de química verde

A exploração de abordagens de química verde para a extração e modificação da attapulgite pode minimizar o impacto ambiental. A investigação deve centrar-se no desenvolvimento de processos ecológicos que respeitem as considerações éticas.

Nanotecnologia para uma maior seletividade

A incorporação da nanotecnologia para melhorar a seletividade nas aplicações da attapulgite pode abrir novas vias para a remediação sustentável da poluição. Os esforços de investigação devem explorar nanocompósitos inovadores e as suas implicações éticas.

Sistemas de apoio à decisão ética

O desenvolvimento de sistemas de apoio à decisão ética para aplicações de attapulgite pode orientar as partes interessadas na tomada de decisões responsáveis. A integração de considerações éticas nos processos de tomada de decisão assegura uma abordagem holística da proteção ambiental.

Educação e sensibilização

Educação das partes interessadas

É vital educar as partes interessadas, incluindo os profissionais do sector, os decisores políticos e as comunidades locais, sobre as dimensões éticas da utilização da attapulgite. Programas de treinamento e campanhas de conscientização devem enfatizar práticas responsáveis.

Integração dos currículos académicos

A integração de considerações éticas relacionadas com a attapulgite nos currículos académicos melhora a base de conhecimentos dos futuros profissionais. A consciência ética deve ser uma componente essencial da educação em ciências ambientais, engenharia e negócios.

Colaboração internacional

Plataformas de partilha de informações

O estabelecimento de plataformas internacionais para a partilha de informações sobre a utilização ética da attapulgite facilita a colaboração. Os países e as indústrias podem aprender com as experiências uns dos outros, promovendo uma comunidade global empenhada em práticas responsáveis.

Iniciativas conjuntas de investigação

As iniciativas de investigação em colaboração entre países e instituições de investigação podem dar resposta a preocupações éticas comuns. A partilha de recursos e conhecimentos especializados acelera o desenvolvimento de aplicações sustentáveis da attapulgite.

Certificação e normas éticas

Programas de certificação ética

O desenvolvimento de programas de certificação ética para produtos à base de attapulgita garante transparência e responsabilidade. As certificações devem considerar os impactos ambientais, sociais e na saúde, orientando os consumidores para produtos de origem e uso éticos.

Normas éticas internacionais

O estabelecimento de padrões éticos internacionais para o uso da attapulgita cria uma estrutura unificada. As normas harmonizadas asseguram a consistência entre indústrias e regiões, promovendo práticas éticas a uma escala global.

Este capítulo sublinha a importância das considerações éticas na utilização da argila attapulgite para a remediação da poluição. Equilibrar o desenvolvimento económico com a gestão ambiental requer uma abordagem abrangente que integre a extração responsável, as práticas sustentáveis e a tomada de decisões éticas. Uma vez que a attapulgite continua a desempenhar um papel significativo nas soluções ambientais, as considerações éticas devem permanecer no centro da sua aplicação, assegurando uma coexistência harmoniosa entre as actividades humanas e o mundo natural. Ao adotar práticas éticas, as partes interessadas podem contribuir para um futuro sustentável em que a attapulgite seja um catalisador de mudanças ambientais positivas.

Capítulo 10: Avanços tecnológicos e tendências emergentes

10.1. Tecnologias actuais na investigação da argila de atapulgite

Visão geral das tecnologias actuais

A argila attapulgite, com as suas excepcionais capacidades de adsorção, tornou-se um ponto fulcral na investigação sobre a remediação da poluição. Esta secção apresenta uma exploração aprofundada das tecnologias actuais que aproveitam o potencial da attapulgite.

Attapulgite em pó para soluções aquosas

Mecanismo de adsorção

A attapulgite em pó é amplamente utilizada para adsorver poluentes de soluções aquosas. O mecanismo envolve as interacções físicas e químicas entre as partículas de attapulgite e os contaminantes, levando à sua imobilização.

Aplicações

Remoção de metais pesados: A attapulgite em pó adsorve eficazmente metais pesados como o chumbo, o cádmio e o zinco das águas residuais industriais, atenuando o seu impacto ambiental.
Sequestro de contaminantes orgânicos: A elevada área de superfície da argila torna-a adequada para adsorver poluentes orgânicos como corantes, pesticidas e resíduos farmacêuticos.

Desafios e inovações

A investigação em curso visa melhorar a seletividade e a reutilização da attapulgite em pó. As inovações incluem modificações da superfície e materiais compósitos para melhorar a seleção dos poluentes e a eficiência da regeneração.

Compósitos à base de atapulgite

Combinações sinérgicas

Os compósitos à base de atapulgite, que combinam a argila com vários materiais como polímeros, biochar ou nanopartículas, apresentam efeitos sinérgicos na adsorção de poluentes. Estes compósitos aproveitam as propriedades únicas de cada componente para melhorar a remediação.

Multifuncionalidade

Os compósitos com propriedades multifuncionais, como a reatividade magnética ou a fotocatálise, alargam as aplicações da attapulgite. Estas inovações fornecem soluções para cenários de poluição complexos que exigem abordagens adaptadas.

Aplicações no mundo real

Os compósitos à base de atapulgite têm tido sucesso em diversos ambientes, incluindo massas de água urbanas, campos agrícolas e instalações industriais. A capacidade de personalizar os compósitos para poluentes específicos aumenta a sua versatilidade.

Técnicas de imobilização para aplicações in-situ

Sistemas de libertação controlada

A imobilização da attapulgite em matrizes, tais como polímeros biodegradáveis ou blocos de geopolímeros, permite a libertação controlada de poluentes adsorvidos. Esta abordagem é particularmente benéfica em aplicações in-situ, proporcionando uma remediação sustentada.

Tratamento de águas subterrâneas

O tratamento de águas subterrâneas in-situ utilizando a imobilização de attapulgite oferece uma abordagem sustentável para tratar a contaminação do subsolo. A libertação controlada de contaminantes adsorvidos garante uma eficácia a longo prazo.

Desafios e direcções futuras

A otimização da conceção de sistemas de imobilização e a compreensão do seu comportamento a longo prazo em diferentes contextos ambientais são desafios constantes. As direcções futuras envolvem a exploração de sistemas de entrega inteligentes e matrizes reactivas para um melhor controlo.

10.2. Direcções futuras na remediação da poluição

Integração da nanotecnologia

Nanocompósitos para uma melhor adsorção

A integração da nanotecnologia com a attapulgite é promissora para a criação de nanocompósitos avançados. Estes nanocompósitos podem apresentar capacidades de adsorção mais elevadas, melhor seletividade e cinética rápida para os poluentes.

Nanocarreadores de libertação controlada

O desenvolvimento de nanocarreadores para a attapulgite que permitem a libertação controlada de contaminantes adsorvidos introduz uma nova dimensão na remediação da poluição. Esta abordagem assegura um tratamento direcionado e sustentado, minimizando o impacto ambiental.

Destino ambiental dos nanocompósitos

Compreender o destino ambiental dos nanocompósitos de attapulgite é fundamental para uma utilização responsável. A investigação centra-se na avaliação das suas potenciais interacções com os ecossistemas e dos efeitos a longo prazo na biota.

Inteligência Artificial e Aprendizagem Automática

Modelação Preditiva para Adsorção

A utilização da inteligência artificial (IA) e da aprendizagem automática (ML) na previsão do comportamento de adsorção da attapulgite aumenta a precisão na remediação da poluição. Os modelos de previsão consideram vários factores, incluindo condições ambientais, características dos contaminantes e propriedades da argila.

Sistemas de monitorização automatizados

Os sistemas de monitorização automatizados orientados por IA fornecem dados em tempo real sobre o desempenho do attapulgite em diferentes ambientes. A monitorização contínua permite estratégias de remediação adaptativas, optimizando a utilização do attapulgite ao longo do tempo.

Desafios e considerações éticas

Embora a IA e o ML ofereçam um enorme potencial, os desafios incluem a privacidade dos dados, a interpretabilidade dos modelos e a utilização ética de sistemas autónomos na gestão ambiental. A resolução destas questões é essencial para uma integração responsável.

Técnicas de síntese ecológicas

Métodos de extração sustentáveis

A investigação centra-se no desenvolvimento de métodos de extração sustentáveis para a attapulgite, de acordo com os princípios da química verde. Técnicas como a síntese hidrotérmica ou a síntese mediada biologicamente reduzem o impacto ambiental.

Processamento com eficiência energética

A síntese ecológica também se estende ao processamento da attapulgite, com ênfase na eficiência energética. A utilização de fontes de energia renováveis e a otimização das condições de processamento contribuem para a sustentabilidade global das aplicações da attapulgite.

Avaliações do ciclo de vida

São efectuadas avaliações exaustivas do ciclo de vida para avaliar a pegada ambiental das tecnologias baseadas na attapulgite. Esta abordagem holística considera a extração, o processamento, a aplicação e a eventual eliminação ou reutilização, orientando as práticas sustentáveis.

Materiais inteligentes para uma remediação reactiva

Hidrogéis reactivos

O desenvolvimento de hidrogéis reactivos incorporados em attapulgite permite uma remediação adaptativa. Estes materiais podem inchar ou contrair-se com base nas condições ambientais, permitindo o sequestro dinâmico de poluentes.

Matrizes de resposta a estímulos

A atapulgite incorporada em matrizes que reagem a estímulos específicos, como alterações de pH ou de temperatura, aumenta a sua versatilidade. Estes materiais inteligentes oferecem soluções à medida para cenários de poluição com condições variáveis.

Aplicações à escala do terreno

O aumento da utilização de materiais inteligentes para a remediação à base de attapulgite, desde os estudos laboratoriais até às aplicações no terreno, é um objetivo fundamental. Para colmatar esta lacuna, é necessário enfrentar os desafios relacionados com a estabilidade e o desempenho dos materiais em situações reais.

Abordagens transdisciplinares

Integração de disciplinas

A investigação futura em aplicações de attapulgite dá ênfase à colaboração interdisciplinar. A integração de conhecimentos da ciência ambiental, ciência dos materiais, engenharia e ciência dos dados acelera a inovação e a resolução de problemas.

Ciências Humanas Ambientais

A incorporação das humanidades ambientais na investigação sobre a attapulgite envolve a consideração de aspectos culturais, éticos e sociais. A compreensão da relação homem-natureza garante que os avanços tecnológicos se alinham com objectivos de sustentabilidade mais amplos.

Plataformas de colaboração

O estabelecimento de plataformas de colaboração que facilitem o intercâmbio de conhecimentos entre investigadores, indústrias e decisores políticos promove uma abordagem holística. A comunicação aberta garante que as tendências emergentes sejam informadas por diversas perspectivas.

10.3. Implicações e colaborações globais

Colaborações e iniciativas internacionais

Partilha de conhecimentos

As colaborações internacionais envolvem a partilha de conhecimentos sobre a investigação, aplicações e implicações ambientais da attapulgite. Plataformas de colaboração, conferências e publicações conjuntas contribuem para uma compreensão global do potencial da attapulgite.

Projectos de investigação conjuntos

Os projectos de investigação conjuntos entre países e instituições de investigação abordam desafios ambientais comuns. Estes projectos aproveitam a experiência diversificada para desenvolver soluções eficazes à base de attapulgite para a remediação da poluição global.

Estratégias de controlo da poluição transfronteiriça

Harmonização das normas

Os esforços globais centram-se na harmonização das normas ambientais relacionadas com a utilização da attapulgite. Normas consistentes garantem que as estratégias de controlo da poluição transfronteiriça são eficazes e mutuamente benéficas.

Avaliações de Impacto Ambiental Transfronteiriço

As avaliações de impacto ambiental transfronteiriço tornam-se cruciais para as aplicações de attapulgite que podem afetar vários países. As avaliações em colaboração fornecem informações sobre os potenciais riscos ambientais transfronteiriços e permitem estratégias de atenuação coordenadas.

Quadros políticos e harmonização regulamentar

Quadros políticos globais

O desenvolvimento de quadros de políticas globais para a utilização ética e sustentável da attapulgite está alinhado com os objectivos ambientais internacionais. Estes quadros orientam os países na implementação de aplicações responsáveis de attapulgite.

Harmonização regulamentar

A harmonização das regulamentações relacionadas com a attapulgite em todos os países agiliza a sua utilização na remediação da poluição. Quadros regulamentares consistentes reduzem as barreiras à colaboração internacional e facilitam a adoção de tecnologias baseadas na attapulgite.

O Capítulo 10 explora as tecnologias actuais que aproveitam o potencial da attapulgite na remediação da poluição e investiga as direcções futuras que moldam o campo. Desde a attapulgite em pó para soluções aquosas até aos nanocompósitos avançados, materiais inteligentes e colaborações globais, o capítulo fornece uma visão abrangente do panorama tecnológico. À medida que a investigação sobre a attapulgite avança, a integração das tendências emergentes e das perspectivas globais desempenhará um papel fundamental na definição do futuro da remediação da poluição. Este capítulo serve como um roteiro para investigadores, decisores políticos e indústrias que procuram alavancar a attapulgite para soluções ambientais sustentáveis.

Capítulo 11: Impacto global das argilas de atapulgite

As argilas de attapulgite, com as suas propriedades únicas e aplicações versáteis, ganharam reconhecimento internacional pelo seu papel no controlo da poluição e na recuperação ambiental. Este capítulo explora o impacto global das argilas de attapulgite, centrando-se em colaborações internacionais, iniciativas e estratégias de controlo da poluição transfronteiriças que tiram partido das características únicas da attapulgite para enfrentar os desafios ambientais.

11.1. Colaborações e iniciativas internacionais

Colaborações de investigação:

As iniciativas de investigação em colaboração que envolvem instituições e peritos de diferentes países têm desempenhado um papel significativo no avanço da compreensão e utilização das argilas de attapulgite. Os esforços conjuntos de investigação contribuem para uma base de conhecimentos partilhada, permitindo o desenvolvimento de soluções mais eficazes e globalmente aplicáveis para o controlo da poluição.

Transferência de tecnologia e intercâmbio de conhecimentos:

As colaborações internacionais facilitam a transferência transfronteiriça de tecnologias e conhecimentos relacionados com a attapulgite. Esta transferência de tecnologia é crucial para garantir que países com diferentes níveis de avanço tecnológico possam beneficiar das aplicações sustentáveis e inovadoras da attapulgite no controlo da poluição.

Programas de reforço de capacidades:

Os programas de reforço de capacidades, frequentemente conduzidos através de colaborações internacionais, visam melhorar as competências e os conhecimentos de investigadores, cientistas e profissionais do ambiente no domínio do controlo da poluição com base em attapulgite. Estas iniciativas contribuem para a disseminação global das melhores práticas e promovem uma comunidade de peritos que trabalham para objectivos ambientais comuns.

Quadros das Nações Unidas:

O papel do attapulgite no controlo da poluição alinha-se com vários quadros das Nações Unidas centrados no desenvolvimento sustentável e na proteção ambiental. Os esforços de colaboração no âmbito das iniciativas das Nações Unidas promovem a integração de soluções baseadas em attapulgite em estratégias globais para combater a poluição e mitigar os impactos das actividades humanas no ambiente.

Acordos bilaterais e multilaterais:

Os acordos bilaterais e multilaterais entre países incluem frequentemente disposições relativas à cooperação ambiental. As tecnologias e os conhecimentos especializados baseados no attapulgite podem ser partilhados no âmbito destes acordos, promovendo um espírito de apoio mútuo na abordagem dos desafios ambientais comuns.

11.2. Estratégias de controlo da poluição transfronteiriça:

Desafios da poluição transfronteiriça:

Muitos poluentes ambientais não respeitam as fronteiras nacionais, colocando desafios que exigem esforços de colaboração para um controlo eficaz. A poluição transfronteiriça, quer provenha de actividades industriais, de escoamento agrícola ou de transporte atmosférico, exige estratégias que ultrapassem as fronteiras nacionais.

Gestão partilhada dos recursos hídricos:

A eficácia do attapulgite no controlo da poluição da água torna-o um componente valioso nas estratégias de gestão partilhada dos recursos hídricos. Os países que partilham bacias hidrográficas ou massas de água transfronteiriças podem colaborar na implementação de soluções à base de attapulgite para tratar coletivamente a poluição da água.

Gestão da qualidade do ar em aglomerações urbanas:

As zonas urbanas sofrem frequentemente de poluição atmosférica transfronteiriça devido às emissões industriais, ao tráfego automóvel e a outras fontes. As iniciativas de colaboração na gestão da qualidade do ar em aglomerações urbanas podem envolver a utilização de attapulgite para controlar as partículas e outros poluentes.

Esforços conjuntos na recuperação de solos:

A poluição transfronteiriça pode também afetar a qualidade do solo, exigindo esforços conjuntos para a sua reparação. A aplicação da atapulgite em estratégias de recuperação dos solos pode fazer parte de colaborações internacionais destinadas a restaurar os solos contaminados e a preservar a produtividade agrícola.

Harmonização das normas ambientais:

Os esforços de colaboração são essenciais para a harmonização de normas e regulamentos ambientais transfronteiriços. As tecnologias de remediação baseadas em atapulgite podem ser integradas em quadros internacionais que estabelecem normas comuns para os níveis permitidos de poluentes, assegurando a consistência das estratégias de controlo da poluição.

11.3. Estudos de caso:

Colaboração entre a China e o Sudeste Asiático:

No contexto da poluição atmosférica, os países do Sudeste Asiático, como a China, têm enfrentado desafios relacionados com o smog transfronteiriço. Foram exploradas iniciativas de colaboração para resolver problemas regionais de qualidade do ar, tendo sido consideradas soluções baseadas na attapulgite como parte de estratégias abrangentes.

Iniciativas da União Europeia:

A União Europeia, com a sua ênfase no desenvolvimento sustentável e na proteção ambiental, tem estado na vanguarda da exploração de tecnologias inovadoras de controlo da poluição. As argilas de attapulgite, conhecidas pela sua natureza ecológica, alinham-se com o compromisso da UE para com as práticas sustentáveis na recuperação ambiental.

Gestão da qualidade da água entre a América do Norte e o México:

A colaboração na gestão da qualidade da água ao longo da fronteira entre os EUA e o México tem sido um ponto focal na diplomacia ambiental. O potencial da attapulgite no controlo da poluição da água poderia ser explorado como parte dos esforços conjuntos para tratar dos recursos hídricos partilhados e mitigar os impactos das descargas industriais e agrícolas.

11.4. Desafios e direcções futuras:

Alinhamento das políticas e coerência da regulamentação:

A harmonização das políticas e regulamentos ambientais entre os países colaboradores coloca desafios devido às diferenças nas estruturas e prioridades de governação. Devem ser envidados esforços no sentido de alinhar as políticas para facilitar a integração perfeita das soluções baseadas em attapulgite nas estratégias de controlo da poluição.

Barreiras à transferência de tecnologia:

Embora a transferência de tecnologia seja crucial para o impacto global das argilas de attapulgite, barreiras como as preocupações com a propriedade intelectual e as disparidades tecnológicas podem impedir o intercâmbio harmonioso de conhecimentos e competências. A resolução destes obstáculos exige cooperação internacional e quadros que facilitem uma transferência de tecnologia justa.

Considerações financeiras e afetação de recursos:

A implementação de estratégias de controlo da poluição baseadas na attapulgite à escala mundial exige investimentos financeiros e a atribuição de recursos. Os países em desenvolvimento podem enfrentar dificuldades no acesso a estas tecnologias devido a restrições orçamentais. Os mecanismos financeiros internacionais e os programas de assistência podem desempenhar um papel na resolução desta disparidade.

Comunicação Intercultural e Educação:

Uma colaboração eficaz exige comunicação e educação transculturais para assegurar uma compreensão partilhada dos desafios ambientais e do potencial das soluções baseadas na attapulgite. Promover a consciencialização e a educação

Mecanismos de controlo e de informação:

O estabelecimento de mecanismos robustos de monitorização e comunicação é essencial para avaliar o impacto das estratégias de controlo da poluição baseadas na attapulgite. As colaborações internacionais devem incorporar protocolos de monitorização padronizados para avaliar a eficácia destas estratégias em diversos contextos ambientais. O impacto global das argilas de attapulgite no controlo da poluição e na remediação ambiental depende de colaborações internacionais robustas, iniciativas e estratégias de controlo da poluição transfronteiriças. À medida que os países se debatem com desafios ambientais comuns, as características únicas da attapulgite oferecem uma solução sustentável e versátil. Através de esforços de colaboração, alinhamento de políticas e transferência de tecnologia, a attapulgite pode contribuir significativamente para uma mudança de paradigma global no sentido de um controlo da poluição mais eficaz e sustentável. Os capítulos seguintes irão aprofundar aplicações regionais específicas e mostrar as diversas formas como a attapulgite está a ter um impacto positivo no ambiente em todo o mundo.

Capítulo 12: Utilização de argilas de attapulgite na remoção de fósforo de águas industriais (Experiência real)

RESUMO

A atapulgite da formação de Digma - o deserto ocidental do Iraque, com diferentes tamanhos de partículas, foi activada termicamente a (400, 500, 600 e 700)° C durante 2 horas para purificar águas residuais contaminadas com fósforo. Neste trabalho, foram examinadas diferentes concentrações iniciais de fósforo (50, 100, 150 e 200) mg P/L para obter a máxima eficiência de remoção com maior capacidade de absorção de fósforo a pH = 7 e 3 horas de tempo de contacto. Os resultados mostraram que a utilização de argila termicamente activada a 700° C com diferentes tamanhos de partículas (-1000, -1000 e -75)µm para a concentração inicial de fósforo (50,100 e 150)mg P/L, respetivamente, proporcionou uma concentração de fósforo no efluente < 0,004 mg P/L com uma eficiência de remoção de 99.99% e capacidade de adsorção de fósforo (5,10 e 15)mg/ g. Utilizando argila activada a 600° C com tamanho de partícula (-75 µm) a uma concentração inicial de 200mg P/L, obteve-se uma concentração de fósforo no efluente de 2,05 mg P/L com eficiência de remoção de 98,98% e capacidade de adsorção de 19,8. Foram também estudados diferentes pH iniciais das soluções de fósforo (5, 7 e 10), a tempo constante (três horas). Estes resultados mostraram que o pH 7 deu os melhores resultados para a remoção de fósforo a 600 e 700C° para (-1000 e -75)µm. No entanto, os resultados obtidos através de diferentes tempos de contacto (1, 2 e 3) horas são avaliados em termos de capacidade de adsorção e eficiência de remoção, que aumentaram ligeiramente após 2 horas.

Palavras-chave: Attapulgite, Contaminação por fósforo, Remoção, Estabilidade

INTRODUÇÃO

Nas águas de superfície, o fósforo é um dos elementos-chave que causam a eutrofização da massa de água quando as concentrações excedem 0,05 mg L^{-1} . A eutrofização é o processo de adsorção de dióxido de carbono, crescimento de matéria orgânica e esgotamento do oxigénio dissolvido, que é controlado pela biodisponibilidade do fósforo. Por conseguinte, muitos países e regiões esforçam-se por reduzir, tanto quanto possível, a concentração de fósforo nas águas residuais (Gaoet al., 2013). Muitas técnicas, tais como física (decantação, filtração), química (precipitação química com sais de alumínio, ferro e cálcio) e tratamentos biológicos (que dependem de bactérias, algas, plantas ou bactérias intracelulares de acumulação de polifósforo) têm sido aplicadas com sucesso para controlar a eutrofização e remover o fósforo de águas residuais industriais, domésticas e agrícolas. Recentemente, a aplicação como adsorventes ambientais tem merecido mais atenção e, entre estas técnicas, a adsorção é o método preferido devido à sua simplicidade, respeito pelo ambiente, eficiência e eficácia económica (Panet al., 2017) (Yinand Kong, 2014). Existem muitos adsorventes que podem ser usados para remover componentes coloridos de óleos vegetais, cátions metálicos da água e corantes catiônicos também, para fósforo de águas residuais, como minerais de argila, alumina ativada, dolomita meio queimada, lama vermelha e argila modificada (Al-

Ajeeletal.,2010) (Al-Ajeel etal, 1998) (Nassrullahetal.,2019). A atapulgita, também chamada de palygorskita, é um silicatemineral hidratado de alumínio-magnésio com uma morfologia fibrosa e uma estrutura que consiste em fitas paralelas de camadas 2:1. Caracteriza-se por uma elevada viscosidade, uma elevada área superficial e uma carga de camada moderada, devido aos seus canais de poros únicos e estes caracteres físico-químicos tornam-no um adsorvente potencialmente atrativo (Panet al., 2017: Gan et al.,2009: Kim, et al.,2018). Os minerais naturais são baratos quando comparados com materiais sintéticos, como nanoadsorventes, hidróxidos duplos em camadas e outros óxidos metálicos (Kim et al., 2018). A estrutura da attapulgita contém três formas de água: água zeolítica, água cristalizada (água coordenada) e água hidroxila ligada à água estrutural mineral. Sob o efeito da temperatura, as mudanças de uma argila fibrosa são bastante rápidas, pois a primeira perda de massa corresponde à remoção da água ligada (na superfície) e uma parte da água zeolítica (localizada nos canais). Quando a temperatura aumenta entre 280º C e 550º C, provoca uma saída lenta da água cristalizada, mas ainda capaz de adsorver água por capilaridade. À medida que a temperatura aumenta até 700º C, o espaço entre as camadas é reduzido devido à desidratação irreversível e à dihidroxilação. A temperaturas mais elevadas, de 800 a 1000º C,as fibras tornaram-se encolhidas e enroladas, intra e interpartículas interred, e a estrutura dobrada e os poros foram bloqueadosresultando da decomposição e colapso das camadas dopalygorskite (Boudriche, et al., 2012:Gan, et al.,2009). Os sorventes podem ser regenerados para reutilização, recuperando 80%

ou mais da capacidade de sorção, utilizando ácidos, bases e sais para dessorver o fósforo. Se o fósforo puder ser recuperado de forma económica, pode ser utilizado como fertilizante (Loganathanet al., 2014). Foram efectuados muitos estudos por diferentes cientistas sobre a adsorção de fósforo da attapulgite, como se segue: A attapulgite natural rica em cálcio (NCAP) foi utilizada para desenvolver um adsorvente versátil para a remoção simultânea de amónio e fósforo de águas contaminadas. Estudos em lotes indicaram que uma combinação de sais mistos e tratamentos térmicos conferiu à NCAP modificada (designada NCAP-NM) a capacidade máxima de absorção de azoto e fósforo. Este adsorvente versátil apresentou uma taxa de adsorção de nutrientes muito rápida e pode, após 1 h de adsorção, baixar uma solução enriquecida com 20 mg/L de nutrientes para 0,01 mg P/L e 0,354 mg N/L com uma dosagem de 30 g/L. Os estudos de adsorção em coluna fixa indicaram que a adsorção de fósforo era predominantemente afetada pelo HCO3, enquanto a adsorção de amónio era predominantemente afetada pelo Ca^{2+} . O resultado de uma aplicação no mundo real indicou que o NCAP-NM poderia purificar 1440 e 1000 volumes de leito de água para fósforo e amónio, respetivamente, no tratamento de águas fluviais eutróficas (Yinet *al.,* 2014). Noutro estudo (Yinetal.,2017) foi estudado que os substratos rentáveis e geograficamente disponíveis são vitais para a conceção de zonas húmidas construídas (CWs), especialmente as CWs de fluxo subsuperficial saturado, que são consideradas como uma forma eficiente de remover as concentrações de fósforo do lago de entrada. Neste estudo, a remoção de fósforo da attapulgite rica em cálcio tratada termicamente (TCAP) com tamanhos de partículas variados (0,2-0,5 mm, 0,5-1 mm e 1-2 mm) foi avaliada através de experiências em lote e em coluna a longo prazo para avaliar a sua viabilidade como substrato de CWs. O mecanismo de ligação ao fósforo no TCAP foi identificado em várias concentrações iniciais de fósforo. Estudos em batelada indicaram que mais de 95% do P pode ser rapidamente (<1 h) removido pelo TCAP da solução com uma concentração de 20 mg P/L, e a sorção de P pode ser bem ajustada por uma equação de pseudo-segunda ordem. A capacidade máxima de sorção de P do TCAP situou-se no intervalo de 4,46-5,99 mg P/g, e a disponibilidade da concentração de Ca2 pode limitar a capacidade de remoção de P do TCAP em concentrações elevadas de fósforo (Hongbin Yin, Xiaowei Yan, XiaohongGua. Os sorventes de P em fase sólida são cada vez mais utilizados em lagos eutróficos pouco profundos para a gestão da carga interna de sedimentos devido à sua forte capacidade de resistir a ressuspensões frequentes. Neste estudo, o hidrato de alumínio foi incorporado na attapulgite porosa rica em cálcio tratada termicamente (TCAP) para aumentar a sua capacidade de sorção de P para a gestão da carga interna de P dos sedimentos. Os estudos de lote indicaram que 2 mol/L de TCAP modificado com alumínio (Al@TCAP) tem o melhor desempenho de sorção de P e foi bem caracterizado. A capacidade máxima de sorção de P do Al@TCAP com tamanhos de partícula de 1-2 mm aumentou para 8,79 mg P/g a um pH de 7, o que foi quase 2 vezes superior ao do TCAP. A sorção de P no Al@TCAP tem um bom desempenho quando o pH da solução se situa no intervalo de 4-10, mas a eficiência diminui drasticamente quando o pH da solução excede 11. Os iões coexistentes, incluindo $so4^{2}$ ^, Cl^, NO^{3-} e HCO^{3-} , que se encontram frequentemente nas águas eutróficas dos lagos, têm pouco efeito na sorção de P de Al@TCAP.Laboratory. As experiências mostraram que a adição de Al@TCAP não provoca alterações de pH na água sobrejacente. Foi registada uma redução média de P de 59,7 a 72,5% na água sobrejacente durante os 63 dias de incubação aeróbica e anaeróbica da experiência. O P móvel no sedimento superficial (0 -2 cm) foi significativamente reduzido e foi acompanhado por um aumento evidente de Al-P e um aumento moderado de Ca-P no sedimento quando comparado com o tratamento de controlo. Este facto foi confirmado pela análise de espetroscopia de RMN de 31P no estado sólido e XPS, que indicou que o P ligado ao Al@TCAP era principalmente através da formação do complexo Al-P. Todos os resultados indicam que o Al@TCAP pode ser utilizado em lagos eutróficos para a gestão da carga interna de P nos sedimentos. O objetivo desta investigação é medir a capacidade da palygorskite tratada termicamente e da palygorskite não tratada para remover o fósforo da água poluída.

12.2. MATERIAIS E MÉTODOS

Localização

O depósito de argila attapulgite da formação Digma está localizado no deserto ocidental do Iraque, a cerca de 3 km a leste do campo de fosfato de Akashat e a cerca de 3 km da estação ferroviária de Akashat.

Materiais

Argila de atapulgite (Adsorvente)

A amostra de pedra argilosa de attapulgite de (10 Kg) foi triturada até passar 19mm num triturador de maxilas de laboratório e, depois de esquartejada e dividida, foram separadas amostras idênticas de (0,5Kg) utilizando um amostrador de riffle de joins. **A tabela (1)** e a **fig. (1)** apresentam a composição química e o padrão XRD da amostra de argila attapulgítica, respetivamente.

Quadro 1: Análise química da pedra argilosa attapulgita

Component%	SiO_2	Fe_2O_3	Al_2O_3	CaO	MgO	LOI	SO_3	K_2O	Na_2O	TiO
Attapulgite	35.44	1.85	10.59	19.03	3.77	20.35	6	0.63	0.25	0.52
Claystone										

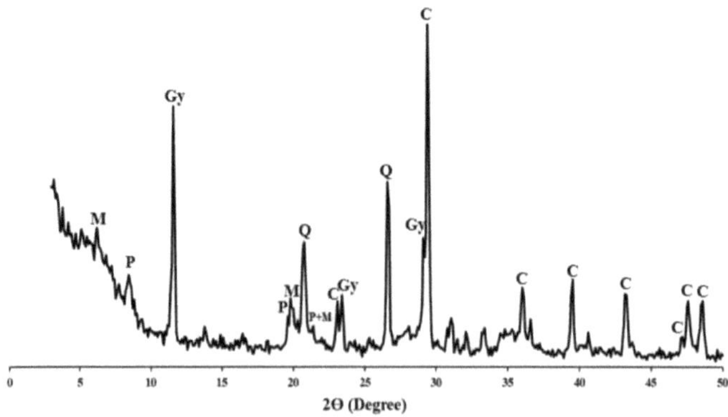

Figura 1: Padrão XRD da matéria-prima deste estudo, em que

M=Montmorilonite, **P=Palygorskite**, **Gy=Gesso**, Q=Quartzo e C=Calcite

Substâncias químicas:

Foi utilizado um grau analítico de hidrogénio fosfórico di-potássico ($K_2HPO_4 \cdot 3H_2O$ quimicamente puro) para preparar a solução de reserva.

. Métodos

Preparação de argila activada:

A attapulgite em bruto foi primeiro moída grosseiramente e peneirada para obter diferentes fracções de tamanho inferior a (1, 0,150 e 0,075) mm. A análise química da attapulgita bruta e o padrão XRD estão listados na **tabela (1)** e na **figura (1)**.

As amostras de palygorskite calcinadas foram preparadas por tratamentos térmicos de amostras de diferentes tamanhos de partículas num período de 2 horas a uma gama de temperaturas (400, 500, 600 e 700)^{o} C para aumentar a sua capacidade de adsorção de fósforo.

Experiências de adsorção:

Foi utilizada attapulgite natural e modificada com diferentes temperaturas para avaliar o impacto da attapulgite aquecida na capacidade de adsorção de fósforo. As soluções sintéticas de águas residuais foram preparadas dissolvendo uma determinada quantidade de $K_2HPO_4 \cdot 3H_2O$ quimicamente puro em água destilada, o que se designou por solução de reserva. Uma alíquota da solução de reserva (272mg P/L de fósforo) foi misturada com um determinado volume de água, de modo a preparar uma solução de fósforo com a concentração inicial experimental desejada. Exatamente 0,5 g de argilas (attapulgite natural ou modificada) foram misturadas com 50mL de solução de fósforo com diferentes concentrações (50,100,150 e 200) mg P/L à temperatura ambiente (25° C) num frasco cónico com tampa e pH igual a 7, valores de pH ajustados com HCl diluído (0,1M) e NaOH diluído (0,1M). A mistura foi agitada durante três horas a 200 rpm num agitador termostático à temperatura ambiente. As suspensões foram filtradas e os filtrados foram analisados quanto ao fósforo (como fósforo) por um analisador automático na GEOSURV, Bagdade, Iraque.

Para investigar a influência do pH da solução na adsorção de fósforo, diferentes valores de pH da solução de fósforo com diferentes concentrações iniciais foram ajustados para 5, 7 e 10 à temperatura ambiente. Em seguida, misturou-se com 3 g de argila tratada termicamente durante 3 horas. A suspensão foi filtrada e o filtrado foi analisado quanto à concentração mínima de fósforo no efluente para otimizar os melhores valores de pH inicial para cada amostra.

O efeito do tempo de contacto na remoção de espécies de fósforo, através da adsorção em palygorskite natural e termicamente activada, foi examinado no intervalo de tempo de 1, 2 e 3 horas. Os testes foram efectuados em condições experimentais constantes, com concentração inicial da solução e pH para cada amostra.

A quantidade de fósforo adsorvido (capacidade de adsorção) foi calculada a partir da diminuição da concentração de fósforo na solução em qualquer tempo de adsorção, de acordo com a equação abaixo: -

$$\text{Adsorption capacity } Q = \frac{Co - Ce}{M} \times V$$

As eficiências de remoção de fósforo (R.E%) foram calculadas de acordo com a seguinte equação: -

$$\text{Removal Efficiency } \% = \frac{Co - Ce}{Co} \times 100$$

Q: adsorption capacity (mg P/g adsorbent),

V: volume of solution (L),

C_0: initial concentration of phosphorus(mg P/L),

C_e: effluent concentration of phosphorus at any time after adsorption (mg P/L),

M: weight of the adsorbent sample (g).

12.3. RESULTADOS E DISCUSSÃO

Caracterização da attapulgite tratada a diferentes temperaturas:

A attapulgite tratada a diferentes temperaturas foi caracterizada através da estrutura mineral e da perda de massa%. A caraterização foi efectuada com o objetivo de investigar a influência destas características na capacidade de adsorção de fósforo da attapulgite. A perda de massa% das argilas de attapulgite tratadas é apresentada na **tabela** 2. Os padrões de XRD da attapulgite tratada termicamente a diferentes temperaturas (sem tratamento, 400, 500, 600 e 700) °C são apresentados respetivamente na **figura (2)**.

Tabela 2: Percentagem de perda de massa da attapulgite tratada a diferentes temperaturas

Treatment (C°)	Mass Loss %
Untreated	0
400	10.17
500	1.83
600	5.17
700	5.03

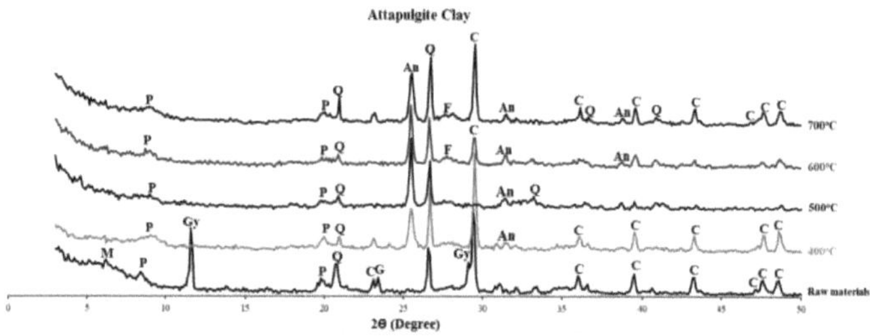

Figura 2: Padrão XRD da atapulgite tratada termicamente a diferentes temperaturas, em que **M=Montmorilonite**, **P=Paligorskite**, **Gy** Gesso, **Q** Quartzo e **C=Calcite**, F=Feldspato, An= Anidrato

A difração de raios X indica que a 400 - 700° C, o desaparecimento e a diminuição da intensidade de alguns picos reflectem uma diminuição da cristalinidade do sólido. No entanto, a attapulgite parece ser resistente ao aquecimento a estas temperaturas e o espaço entre as camadas foi reduzido devido à desidratação irreversível e à dihidroxilação (Ganet al., 2009).

O mineral palygorskite tem uma estrutura de agulha com canais que se estendem ao longo do eixo de instalação do cristal e é normalmente um reservatório de água no estado normal da amostra em bruto. A drenagem do conteúdo destes canais de água faz-se quando a matéria-prima é tratada termicamente, pois está pronta a receber novas partículas. As perdas de massa ocorrem respetivamente nos seguintes intervalos: 40-400° C (10,17%), 400-500° C (1,83%), 500-600° C (5,17%) e 600-700° C (5,03%). A primeira perda de massa é bastante rápida e corresponde à remoção da água ligada (na superfície) e de uma parte da água do zeólito (localizada nos canais). A segunda perda de água corresponde à eliminação total da água do zeólito. A terceira perda de massa é a saída lenta da água cristalizada (coordenada aos catiões situados ao longo das folhas octaédricas). A quarta perda de massa de água é produzida pela dihidroxilação de grupos Mg-OH na attapulgita. de 500 ° C a 700 ° C foi devido à dihidroxilação de grupos Mg-OH na attapulgita e esta reação pode levar a um aumento da área de superfície específica e capacidade de adsorção (Kimetal., 2018) (Arradh, 2019) (Baltaret al., 2009).

Efeito da dimensão das partículas de argila na adsorção de fósforo

De acordo com as **tabelas 3, 4 e 5**, que apresentam os resultados de diferentes soluções de concentração inicial de fósforo (50, 100, 150 e 200mg P/L), as concentrações de efluentes, a capacidade de adsorção e a eficiência de remoção de argilas não tratadas e tratadas termicamente para (400, 500, 600 e 700)° C a pH constante (7) e (3 horas) de tempo de contacto. É possível observar o efeito do aumento da concentração inicial nas concentrações do efluente, tanto para a argila não tratada como para a argila tratada, a um tamanho de partícula constante.

Tabela 3: Efeito de diferentes concentrações iniciais na capacidade de adsorção e na eficiência de remoção % a um tamanho de partícula constante (-1000 μm)

Initial Conc. mg P/L	**50**			**100**			**150**			**200**		
Tem.° C	**Effluent conc.mg P/L**	**R.E. %**	**Q mg/g**	**Effluent conc.mg P/L**	**R.E. %**	**Q mg/g**	**Effluent conc.mg P/L**	**R.E. %**	**Q mg/g**	**Effluent conc.mg P/L**	**R.E. %**	**Q mg/g**
40	27.1	45.8	2.29	36.1	63.9	6.4	78.02	48	7.2	121.64	39.18	7.84
400	12.45	75.1	3.8	33.31	66.69	6.67	84.66	43.56	6.53	130.03	34.99	7
500	0.515	98.97	4.94	30.81	69.19	6.92	79.12	47.25	7.1	126.35	36.83	7.4
600	0.349	99.3	4.96	0.349	99.65	4.96	35.8	76.13	11.4	76.845	61.58	12.32
700	<0.004	99.99	5	<0.004	99.99	10	13.62	90.92	13.64	57.11	71.45	14.3

Pode ser observado na **tabela 3 que as** capacidades de adsorção de fósforo aumentam ligeiramente com o aumento da concentração inicial para a argila não tratada e tratada à temperatura (400, 500, 600 e 700)° C com um tamanho de partícula constante (-1000μm).

A Tabela 3 também indica que a eficiência de remoção (R.E.%)a uma concentração inicial constante de P aumentou acentuadamente à medida que o tratamento térmico da attapulgite aumentou e atingiu o máximo (99,99%)quando a concentração inicial era de (50 e 100)mg/L e (90,92 e 71,45) % quando a concentração inicial era de (150 e 200)mg/L, respetivamente.

Tabela 4: Efeito de diferentes concentrações iniciais na capacidade de adsorção e na eficiência de remoção% a um tamanho de partícula constante (-150μm)

Initial Conc. mg P/L	**50**			**100**			**150**			**200**		
Tem.° C	**Effluent conc.mg P/L**	**R. E. %**	**Q m g/ g**	**Effluent conc.mg P/L**	**R. E. %**	**Q m g/ g**	**Effluent conc.mg P/L**	**R. E. %**	**Qm g/g**	**Effluent conc.mg P/L**	**R. E. %**	**Q m g/ g**
40	16.15	67.7	3.4	19.7	80.3	8.04	27.9	81.4	12.21	51.5	74.25	14.85
400	10.26	79.48	4	30.83	69.17	6.92	57.02	61.97	9.3	105.01	47.5	9.5
500	<0.004	99.99	5	21.58	78.42	7.842	64.5	57	8.6	107.9	46.05	9.2
600	0.131	99.74	4.98	1.004	98.99	9.9	0.917	99.39	14.91	50.95	74.53	14.9
700	<0.004	99.99	5	<0.004	99.99	10	0.087	99.94	15	20.085	89.96	18

A Tabela 4 indica que as capacidades de adsorção de fósforo aumentam gradualmente com o aumento da concentração inicial para a argila não tratada e tratada à temperatura (400, 500, 600 e 700)° C a um tamanho de partícula constante (-150 µm). A eficiência de remoção (R.E.%) a uma concentração inicial constante de P aumentou à medida que o tratamento térmico da attapulgite aumentou e atingiu o máximo (99,99%) quando a concentração inicial era de (50 e 100) mg/L. Nas concentrações iniciais de fósforo (150 e 200) mg/L, a eficiência de remoção é de (99,94% e 89,96%), respetivamente, com um tamanho de partícula de (150µm).

Tabela 5: Efeito de diferentes concentrações iniciais na capacidade de adsorção e na eficiência de remoção% a um tamanho de partícula constante (-75µm)

Initial Conc. mg P/L	50			100			150			200		
Tem.° C	**Effluent conc.mg P/L**	**R.E. %**	**Q mg/g**	**Effluent conc.mg P/L**	**R.E. %**	**Q mg/g**	**Effluent conc.mg P/L**	**R.E. %**	**Q mg/g**	**Effluent conc.mg P/L**	**R.E. %**	**Q mg/g**
40	22.7	54.6	2.73	19.7	80.3	8.03	28.4	81.06	12.16	48.9	75.55	15.11
400	10.89	78.22	3.91	28.51	71.49	7.149	65.36	56.43	8.5	116.6	41.7	8.34
500	0.004	99.99	5	14.2	85.8	8.6	55.23	63.18	9.5	99.2	50.4	10.1
600	0.699	98.6	4.93	0.699	99.3	9.93	0.131	99.91	14.98	2.05	98.98	19.8
700	0.044	99.91	4.99	<0.004	99.99	10	<0.004	99.99	15	10.1	94.95	18.9

A Tabela 5 mostra as capacidades de adsorção de fósforo da palygorskite tratada termicamente a diferentes temperaturas, em comparação com a amostra natural para um tamanho de partícula de 75µm. Pode notar-se que as capacidades de adsorção de fósforo aumentam gradualmente com o aumento da concentração inicial para a argila não tratada e tratada à temperatura (400, 500, 600 e 700)° C. A eficiência de remoção (R.E.%) a uma concentração inicial constante de P aumentou à medida que o tratamento térmico da attapulgite aumentou e atingiu o máximo (≈99,9%) quando a concentração inicial era de (50, 100 e 150)mg/L a 700° C. Mas quando as concentrações iniciais de fósforo (200mg/L), a eficiência de remoção é (98,98%) a 600° C.

Em geral, a palygorskite tratada termicamente (700° C) com um tamanho de partícula diferente apresenta as melhores capacidades de adsorção de fósforo entre as outras temperaturas utilizadas, o que pode estar relacionado com grandes alterações na estrutura e nas propriedades físico-químicas da palygorskite ocorridas a 700° C, porque a remoção das águas existentes na estrutura cristalina da palygorskite resulta na alteração da conformação acumulada das partículas em barra da palygorskite durante a calcinação. Diferentes formas de água, como a água zeolítica, a água coordenada e a água estrutural, que existem na estrutura cristalina da paligorskite, podem ser removidas por sua vez com o aumento da temperatura de calcinação, levando a uma maior instabilidade do magnésio, alumínio e ferro contidos na camada octaédrica e, consequentemente, estes iões passam facilmente para a fase líquida durante a adsorção (Chenet al., 2012: Gan, 2009: Chenet al.,2011). Também se pode concluir que a amostra calcinada a alta temperatura tem um melhor desempenho de adsorção, o que está principalmente relacionado com o maior tamanho dos poros e uma distribuição de tamanho muito mais ampla. Quanto mais elevadas forem as concentrações de fósforo, mais significativo será o efeito do tratamento térmico na capacidade de adsorção de fósforo. Os resultados da capacidade de remoção de P da attapulgita com seus variados tamanhos de partículas aumentam com o aumento da concentração inicial de P, e os pequenos tamanhos de partículas têm a maior capacidade de sorção de P (Yinet al., 2017).

Por conseguinte, do ponto de vista prático, na **tabela 5**, é melhor utilizar partículas de tamanho relativamente grande de adsorventes calcinados (-1000 µm) para adsorver concentrações iniciais baixas de fósforo (50 e 100)mgP/L. A concentração de fósforo no efluente diminui substancialmente à medida que a temperatura do tratamento térmico aumenta (700° C). A uma concentração mais elevada de fósforo (150 e 200)mgP/L, a capacidade de adsorção de fósforo mostrou uma tendência para aumentar com a redução do tamanho das partículas do adsorvente tratado termicamente (El-Sergany e Shanableh, 2012), como se mostra na **tabela 4 e 5**.

Além disso, pode concluir-se que a dimensão das partículas do adsorvente afecta a capacidade máxima de adsorção, bem como a eficiência de remoção, tal como ilustrado na **tabela 6**.

Tabela 6: Efeito de diferentes concentrações iniciais na capacidade de adsorção e na eficiência de remoção% em diferentes tamanhos de partículas

Initial Conc.mgP/L	Tem.C°	P.Zµm	Effluent conc.mg P/L	R.E.%	Q mg/g

50	700	-1000	<0.004	99.99	5
100	700	-1000	<0.004	99.99	10
150	700	-75	<0.004	99.99	15
200	600	-75	2.05	98.98	19.8

Efeito do pH na adsorção de fósforo:

O impacto do pH variável na capacidade de adsorção de fósforo e na eficiência de remoção % é ilustrado na tabela 3.6, esta tabela mostra o efeito de vários valores de pH da solução aquosa (5,7 e 10) com concentração inicial (50 e 100) mgP/L com tamanho de partícula (-1000 µm), (150 e 200)mgP/L com tamanho de partícula (- 75µm) na capacidade de adsorção e eficiência de remoção para o tempo de contacto de 3 horas. Para argila tratada termicamente a (600 e 700)° C.

Tabela 7: Efeito do pH da solução na capacidade de adsorção e na eficiência de remoção%

pH	**5**			**7**			**10**			**T**	**P.**
Initial Conc. mgP/	**Efflu ent conc.**	**R . E**	**Q m g/**	**Efflu ent conc.**	**R . E**	**Q m g**	**Efflu ent conc.**	**R. E. %**	**Q m**	**e m .**	**Z µ m**

L	mgP/ L	. %	g	mgP/ L	. %	/ g	mgP/ L		g / g	o C	
50	9.256	8 1. 4 9	4. 0 7	<0.00 4	9 9. 9 9	5	0.02	99 .9 6	5	7 0 0	- 10 00
100	20.08 5	7 9. 9 2	8	<0.00 4	9 9. 9 9	1 0	8.95	91 .0 5	9 . 1 1	7 0 0	- 10 00
150	13.24 7	9 1. 1 7	1 3. 6 8	<0.00 4	9 9. 9 9	1 5	15.32	89 .7 9	1 3 . 4 7	7 0 0	- 75
200	25.76	8 7. 1 2	1 7. 4 3	2.05	9 8. 9 8	1 9 . 8	7.34	96 .3 3	1 9 . 2 7	6 0 0	- 75

Como se pode ver na **tabela 7,** o valor do pH da solução de fósforo desempenha um papel importante em todo o processo de adsorção e, em particular, na capacidade de adsorção. O pH da solução aquosa influencia a adsorção de aniões e catiões nas interfaces sólido-líquido e está relacionado com o grau de ionização do adsorvato e com a carga superficial do adsorvente; a eficiência de adsorção será melhor se ambos tiverem cargas diferentes.

O mecanismo dominante de adsorção de fósforo na attapulgite tratada termicamente foi assumido como sendo a troca iónica entre hidroxilos na superfície do adsorvente e o fósforo na solução. As principais espécies de fósforo em solução aquosa são $H_2PO_4^-$ a pH 5, HPO_4^{-2} a pH 10. Devido às diferentes cargas negativas entre o HPO_4^{-2} e o $H_2PO_4^-$, o HPO_4^{-2} troca mais hidroxilos do que o $H_2PO_4^-$. Como consequência, a quantidade de adsorção na argila activada diminuiu em solução alcalina devido ao facto de o HPO_4^{-2} ocupar mais sítios de ligação na superfície da attapulgite tratada termicamente. Além disso, o fósforo é adsorvido na argila principalmente por atração eletrostática e troca de ligandos (por exemplo, entre o fósforo e o OH^-). Um aumento do pH conduziria a um aumento dos iões OH^- , que ocupariam mais sítios activos na superfície da attapulgite activada e aumentariam a força competitiva com o fósforo. Foram registadas tendências semelhantes na adsorção de fósforo em beohmite, hidróxido de alumínio, alumínio e óxidos de ferro. Por conseguinte, o pH ótimo do fósforo adsorvente de Al-PG é adequado para a solução neutra (Pan et al., 2017).

Isto é provavelmente atribuído ao facto de um valor de pH mais elevado fazer com que a superfície tenha mais cargas negativas e, assim, repelir mais significativamente as espécies carregadas negativamente em solução. Por conseguinte, a menor adsorção de fósforo a valores de pH mais elevados resultou de uma maior repulsão entre as espécies PO_4^{-3} mais carregadas negativamente e os sítios de superfície carregados negativamente, um valor de pH elevado da solução pode enfraquecer a estabilidade dos complexos de superfície de fósforo (Yeet al., 2006: Yinet al.,2016). Por conseguinte, o melhor valor de pH para remover o fósforo é 7 para a attapulgite tratada termicamente.

Efeito do tempo de contacto na adsorção de fósforo:

O efeito do tempo de contacto desempenha um papel importante no processo de adsorção e particularmente na eficiência de remoção%. **A Tabela 8** apresenta o efeito do aumento do tempo de contacto (1,2 e 3) horas com a concentração inicial (50 e 100)mgP/L de tamanho de partícula (-1000µm), (150 e 200)mgP/L de tamanho de partícula (-75µm) na capacidade de adsorção e na eficiência de remoção a 7 pH. Todas estas experiências foram efectuadas para argila tratada termicamente a (600 e 700)° C.

Tabela 8: Efeito do tempo de contacto na capacidade de adsorção e na eficiência de remoção%

Time hr.	1			2			3			Tem. °C	P.Z µm
Initial conc. mgP/L	Effluent conc. mgP/L	R.E. %	Q mg/g	Effluent conc. mgP/L	R.E. %	Q mg/g	Effluent conc. mgP/L	R.E. %	Q mg/g		
50	0.7	98.6	4.93	0.66	98.69	4.94	<0.004	99.99	5	700	-1000
100	0.7	99.3	9.93	0.44	99.56	9.96	<0.004	99.99	10	700	-1000
150	25.15	83.23	12.49	1.18	99.21	14.88	<0.004	99.99	15	700	-75
200	13.01	93.45	18.96	2.23	98.9	19.78	2.05	98.98	19.8	600	-75

Pode ser visto na **tabela 8** que a maioria da adsorção ocorreu na primeira hora das experiências, onde a reação de adsorção de fósforo foi rápida e o equilíbrio foi atingido em aproximadamente 2 horas para a concentração inicial (50, 100, 150 e 200) mgP/L. Este facto é atribuído à presença de locais de adsorção livres na superfície das argilas (Tanyolet al., 2015:Nassrullahand essa et al, 2019).

Pode também indicar-se que a concentração de fósforo no efluente diminuiu para quase zero e que a percentagem de remoção de fósforo foi igual ou superior a 99% nas 3 horas de experiência. No entanto, a percentagem de eficiência de remoção de fósforo diferiu gradualmente desde 1 hora até ao final da experiência após 3 horas para todos os tamanhos de partículas da attapulgite tratada termicamente utilizada.

12.4. CONCLUSÃO

A attapulgite não tratada de diferentes tamanhos de partículas tem capacidade de adsorção de fósforo e pode ser utilizada como adsorvente de baixo custo.

As características de desempenho foram investigadas para remover o fósforo da attapulgite aquecida. Foi demonstrado que a ativação térmica é um método eficaz para aumentar a capacidade de adsorção da argila natural, sendo também uma operação de fácil manuseamento em comparação com outras activações químicas.

Os resultados indicam que a attapulgite tratada termicamente a 600 e 700° C pode aumentar significativamente a capacidade de adsorção de P.

A argila modificada ideal com um tamanho de partícula (-1000 μm)

tem uma capacidade máxima de adsorção de P (5 e 10 mg P/g) para a concentração inicial de P (50 e 100 mg P/gm) a pH = 7, 3 horas de tempo de contacto e a eficiência de remoção é igual a 99%.
A argila mais bem tratada com um tamanho de partícula (-75µm) tem uma capacidade máxima de adsorção de P (15 e 19,8 mg P/g) para uma concentração inicial de P (150 e 200 mg P/gm) a pH = 7, 3 horas de tempo de contacto e uma eficiência de remoção igual a 99%.

REFERÊNCIAS

Al- Ajeel, A.W., Abdullah, S.N., Abood, N.M., Mahdi, H.Y. e Matti, M., 2010. Ativação ácida da pedra de argila bentonítica do depósito de WadiBashir para branqueamento de óleo vegetal. GEOSURV, int. rep. no. 3218.

Al- Ajeel,A.W.,Hanna, S.I., Al- Bassam, KH. E Hussian, M., 1998. Utilização de Argila Iraquiana Attapulgite para Branqueamento de Óleo de Flor de Sol. GEOSURV, int. rep. no. 2437.

Ali, E. M., Iqbal, A., Ibrahim, M. N. M., Alheety, M. A., Ahmed, N. M., Yanto, D. H. Y., & Zainul, R. (2024). Attapulgita magnética sintetizada via Sonochemistry: uma estratégia inovadora para extração eficiente de fase sólida de As3+ de amostras de petróleo bruto simuladas e não refinadas. *Journal of Porous Materials,* 1-13.

Al-Rawas, A. A., Mohamedzein, Y. E., Al-Shabibi, A. S., & Al-Katheiri, S. (2006). Misturas de argila areia-attapulgita como revestimento de aterro sanitário. *Geotechnical & Geological Engineering, 24,* 1365-1383.

Arradh, N.G., 2019. Beneficiamento e purificação de minerais de argila de atapulgita iraquiana para remover o conteúdo de mercaptância dos combustíveis iraquianos. Dissertação de Mestrado, Faculdade de Educação para Ciências Puras (Ibn Al-Haitham), Universidade Al- Mustansriah.

Baltar,C.,Luz, A.,BaltarL., Oliveira,C. e Bezerra,F.,2009. Influência da morfologia e da carga superficial na adequação da palygorskite como fluido de perfuração. Applied Clay Science, no. 42, pp 597-600.

Boudriche, L.,Calvet, R.,Hamdi, B. eBalard,H., 2012. Evolução das propriedades de superfície da attapulgita por análise IGC em função do tratamento térmico. Colloids and Surfaces A: Physicochemical and Engineering Aspects, Elsevier, no. 399, pp.1-10.

Chen, H., Jia, Y., Li, J., Ai, Y., Zhang, W., Han, L., & Chen, M. (2024). Eficiências melhoradas na purificação da drenagem ácida de minas em zonas húmidas construídas com base na adsorção sinérgica de compósitos de resíduos de attapulgite-soda e redução de sulfato microbiano. *Journal of Hazardous*

Materials, 470, 134221.

Chen, H., Zhong, A., Wu, J., Zhao, J. e Yan, H., 2012. Comportamentos de Adsorção e Mecanismos de Metil Laranja em Argilas Palygorskite Tratadas pelo Calor

Chen, H., Zhao, J., Zhong, A. e Jin, Y., 2011. Capacidade de remoção e mecanismo de adsorção da argila palygorskite tratada termicamente para o azul de metileno. Chemical Engineering Journal, no.174, pp 143-150.

Deng, X., Duan, F., Zhu, Y., Zheng, Y., & Wang, A. (2024). Fabrico de materiais porosos utilizando modelos de espuma co-estabilizados de casca de quinoa e attapulgite para adsorção de corantes e pós-tratamento da remediação do solo. *Tecnologia Ambiental e Inovação, 35,* 103679.

El-Sergany, M.eShanableh, A., 2011. Remoção de fósforo utilizando argila bentonítica modificada com Al - Efeito do tamanho das partículas. Conferência da Ásia-Pacífico sobre Ciência e Tecnologia Ambiental, Avanços em Engenharia Biomédica, Vol.6.

Galan, E,.1996. Propriedades e Aplicações das Argilas Palygorskite-Sepiolite. Clay Minerals, vol. 31, pp 443-453.

Gan, F., Hu, J., Tang, R., Qin, P. e Hang, X., 2017. Aplicação de diferentes attapulgites activadas para purificar águas residuais contaminadas com fósforo. IOP Conf. Series, Earth and Environmental Science 81 012023.

Gan, F., Zhou J., Wang, H., Du, C., e Chen, X., 2009. Remoção de fósforo de uma solução aquosa por palygorskite natural tratada termicamente. Water Research, no. 43, vol. 11, pp 2907- 2915.

Gao, S., Wang, C.e Pei, Y., 2013. Comparação da adsorção de diferentes espécies de fósforo por resíduos de tratamento de água férricos e de alúmen. Journal of Environmental Sciences, no.25, vol. 5. pp 986-992.

Gremillion, L. R. (1965). *A origem da attapulgita nos estratos do Mioceno da Flórida e da Geórgia.* Universidade Estadual da Flórida.

Karim, N., Kyawoo, T., Jiang, C., Ahmed, S., Tian, W., Li, H., & Feng, Y.

(2024). Degradação do tipo Fenton do azul de metileno no composto de argila de atapulgita por carregamento de óxido de ferro: Preparação ecológica e sua atividade catalítica. *Materials, 77*(11), 2615.

Kim,M.J., Lee,J.H., Lee,C.G. ePark, S.J., 2018. Tratamento térmico de attapulgita para remoção de fósforo: um adsorvente barato e natural com alta capacidade de adsorção. Dessalinização e Tratamento de Água, no. 114, pp 175-184

Kuang, X., Li, J., Ouyang, Z., Huang, H., Chen, J., Chen, X., & Li, L. (2024). Attapulgita modificada com Ca-Mg para remoção de fósforo e seu potencial como fertilizante à base de fósforo. *Journal of Environmental Management, 357,* 120727.

Li, Z., Pang, J., Zhou, Y., Shen, K., & Zhang, Y. (2024). Redução das emissões de metais pesados através da adição de attapulgite modificada às lamas no processo de incineração de leito fluidizado borbulhante. *Fuel, 368,* 131629.

Liu, C., Guo, Y., Li, S., Xuan, K., Guo, Y., Li, J., ... & Zhou, Z. (2024). Compósito mesoporoso de g-C3N4 @ attapulgita dopado com enxofre como um fotocatalisador avançado para recuperação eficiente de urânio (VI) de soluções aquosas. *Jornal de Engenharia Química Ambiental, 72*(3), 112886.

Liu, G., Tu, C., Li, Y., Yang, S., Wang, Q., Wu, X., ... & Luo, Y. (2024). Reduzindo rapidamente o cádmio do solo agrícola contaminado por novas contas de attapulgita magnética reciclável Fe3O4/mercapto-funcionalizada. *Poluição Ambiental, 357,* 124056.

Liu, Y., Yan, A., Ding, L., Wei, J., Liu, Y., Niu, Y., & Qu, R. (2024). Remoção simultânea e ultra-rápida de corantes aniônicos e catiônicos de solução aquosa por MOFs à base de Zr hibridizados por attapulgita e pesquisa de desempenho de adsorção. *Colloids and Surfaces A: Physicochemical and Engineering Aspects, 680,* 132643.

Loganathan, P., Vigneswaran, S., Kandasamy, J.e Bolan, N.S., 2014.

Remoção e Recuperação de Fósforo da Água Usando Sorção. Revisões críticas em ciência e tecnologia ambiental, vol. 44, pp 847-907

Mahmoud, M. E., Obada, M. K., & Nabil, G. M. (2024). Remoção aprimorada de fósforos de águas residuais de drenagem agrícola usando nanocompósito de attapulgita sintetizada assistida por micro-ondas (Fullers earth) @ carboximetilcelulose. *International Journal of Biological Macromolecules, 255,* 128081.

McClellan, G. H. (1964). *Petrologia da argila attapulgus no norte da Flórida e sudoeste da Geórgia.* Universidade de Illinois em Urbana-Champaign.

Meng, J., Wang, J., Wang, L., Lyu, C., Chen, H., Lyu, Y., & Nie, B. (2024). Preparação e desempenho de superfícies super-hidrofóbicas com attapulgita modificada de baixa energia superficial. *Journal of Molecular Structure, 1295,* 136586.

Nassrullah, Z.K., Essa, I.G. e Hussein, R.A., 2019.Using Modified Montmorillonite Clays (Fe-, Al- Pillared AndOrgano Clay) In Removing Phosphatic Pollutants FromWater.GEOSURV, int. rep. no.3681.

Ola, S. A. (1982). Geotechnical properties of an Attapulgite clay shale in Northwestern Nigeria. *Geologia de Engenharia, 19*(1), 1-13.

Pan, M., Lin,X.,Xieb, J. e Huang X., 2017.Estudos cinéticos, de equilíbrio e termodinâmicos para adsorção de fósforo em nano-compósitos de palygorskite modificados com hidróxido de alumínio. The Royal Society of Chemistry, no.7, pp4492-4500.

Shenjin, W., Xiaoxi, L., Chenyang, Z., Wenjihao, H., Yaochi, L., Xinzhuang, F., ... & Wei, S. (2024). Adsorção e mecanismo seletivo de

Pb2+ e Cd2+ na superfície de attapulgite modificada calcinada. Tecnologia de Separação e Purificação, 128377.

Sun, J., Wang, Z., Dai, Y., Zhang, M., Pang, X., Li, X., & Lu, Y. (2024).

Attapulgita modificada com ácido carregada com bacilomicina D para inibição de fungos e remoção de micotoxinas. *Química Alimentar,* 138762.

Tanyol, M., Yonten, V. e Demir, V., 2015. Remoção de Fósforo de Soluções Aquosas por Argila Bentonítica Modificada Quimicamente e Térmica. Water Air Soil Pollution, Vol. 226, No. 8, pp 269.

Wang, T., Wen, Y., Qian, B., Tang, F., Zhang, X., Xu, X., ... & Xue, F. (2024). Avaliação virológica da attapulgite natural e modificada contra o vírus da diarreia epidémica porcina. *Virology Journal, 21(1),* 120.

Wang, X., Jiang, C., Li, H., Tian, W., Ahmed, S., & Feng, Y. (2024). Purificação centrífuga ultra-sônica-fracionada assistida por moinho coloidal de Attapulgite de baixo grau e sua modificação para adsorção de vermelho do Congo. *Materiais, 17*(9), 2034.

Wang, Y., Wu, Y., Xiong, Y., Feng, J., Wang, D., & Zhang, Y. (2024). Funcionalização de attapulgita com polímero de cadeia lateral de orto-fenantrolina fluorescente para deteção e adsorção de íons Cu (II). *Jornal de Química do Estado Sólido,* 124831.

Wu, T., Tang, X., Lin, Y., Wang, Y., Ma, S., Xue, Y., ... & Xu, K. (2024). Ozonização catalítica heterogénea de atrazina com attapulgite carregada com cu e ce rica em vacâncias de oxigénio: Eficiência, mecanismo e aplicação ambiental. *Chemical Engineering Journal,* 150079.

Xaviera, K., Santos, M., Santos, M., Oliveira, M., Carvalhoc, M., Osajimaa, J. e Filho, E., 2014. Efeitos do tratamento ácido na argila Palygorskite:

XRD, Surface Area, Morphological and Chemical Composition, Materials Research, no. 17, vol. (Suppl. 1), pp 3-8.

Xu, J., & Chen, P. (2024). Preparação e caraterização de peneira de iões de lítio com attapulgite. *Desalination, 571,* 117111.

Xu, J., & Chen, P. (2024). Biossorção seletiva de Li + em solução aquosa por material impresso com íons de lítio na superfície de quitosana / atapulgita.

International Journal of Biological Macromolecules, 273, 133150.

Ye, H., Chen, F., Sheng, Y., Sheng, G.e Fu, J., 2006. Adsorção de fósforo de uma solução aquosa em palygorskites modificadas. Journal of Separation and Purification Technology, Elsevier, no.50, pp 283-290.

Yin, H., Han, M. e Tang, W., 2016.Sorção de fósforo e fornecimento de sedimentos de lagos eutróficos alterados com attapulgita rica em cálcio tratada termicamente e uma avaliação de segurança, Elsevier, pp.671- 678.

Yin, H., Ren, Ch. e Li, W., 2018.Introduzindo hidrato de alumínio em tapulgita porosa rica em cálcio tratada termicamente para aumentar sua capacidade de sorção de fósforo para gerenciamento de carga interna de sedimentos, Chemical Engineering J ournal, El sevier, pp.704-712.

Yin, H., Yan, X. e Gu, X., 2017. Avaliação da attapulgite rica em cálcio modificada termicamente como substrato de baixo custo para a remoção rápida de fósforo em zonas húmidas construídas, Water Research, Elsevier, pp.329-338.

Yin, H.e Kong, H.,2014.Simultaneous removal of ammonium and phosphorusfrom eutrophic waters using natural calcium- rich attapulgite - basedversatile adsorbent, Elsevier, pp.128-137.

Zhang, T., Huang, X., Qiao, J., Liu, Y., Zhang, J., & Wang, Y. (2024). Desenvolvimentos recentes na síntese de materiais compostos de attapulgita para tratamento de águas residuais orgânicas refratárias: uma revisão. *RSC avança, 14 (23* \ 16300-16317.

Zhou, H., Jiang, L., Yang, Y., Zhang, H., Zhang, S., Wang, J., ... & Zhang, Z. (2024). Regeneração eficiente por micro-ondas de montmorilonita à base de Na modificada com ferro e attapulgita à base de Na para melhorar a adsorção de tetraciclina na água. *Jornal de Engenharia Química Ambiental,* 113229.

Printed by Books on Demand GmbH, Norderstedt / Germany